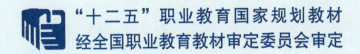

"十二五"职业教育国家规划教材
经全国职业教育教材审定委员会审定

计算机平面设计专业

二维动画设计软件应用
——Animate

Erwei Donghua Sheji Ruanjian Yingyong
——Animate
（第3版）

主　编　欧阳俊梅　叶蕾
副主编　曲俊红　吴静　李玉洁

高等教育出版社·北京

内容提要

本书是"十二五"职业教育国家规划教材、全国优秀教材二等奖《二维动画设计软件应用——Flash CS6（第2版）》的修订版，采用一体化设计理念全方位设计教材内容，依据教育部《中等职业学校计算机平面设计专业教学标准》编写而成。本书遵循学生的认知规律和接受能力，使学生在"做中学，学中做"的过程中形成综合职业能力。

本书基于中文版 Animate 2021 软件进行编写，共分5个模块，包括"动画及软件基础""动画基本绘制""基础动画制作""高级动画制作""动画脚本技巧"。本书精心制作了28个实用性案例，提炼出 Animate 中最基础、最核心的知识点，从实用角度出发，全面、系统地讲解软件界面、常用工具、面板、对话框、菜单命令的使用技巧和具体应用，本书遵循初学者的认知规律，能帮助学生轻松掌握软件的使用技巧和动画设计思路。

本书配套网络教学资源，包括全部案例文件、素材文件、实训操作文件和二维码教学视频，使用这些资源，结合书中的讲解将会收到事半功倍的效果。使用本书封底所赠的学习卡，登录 http://abook.hep.com.cn/sve，可获得相关资源，详细说明参见书末"郑重声明"页。

另外，本书还配套"二维动画设计"MOOC 课程，可帮助广大师生更加全面、系统地学习该课程。请登录"中国大学 MOOC 职教频道"，搜索"二维动画设计"，登录后可免费学习。

本书可作为中等职业学校计算机平面设计专业"二维动画设计软件应用"课程的教材，也可以作为中高级职业资格与就业培训用书。

图书在版编目（CIP）数据

二维动画设计软件应用：Animate/ 欧阳俊梅，叶蕾主编. --3 版 . --北京：高等教育出版社，2022.8

计算机平面设计专业

ISBN 978-7-04-058281-9

Ⅰ. ①二… Ⅱ. ①欧… ②叶… Ⅲ. ①动画制作软件-中等专业学校-教材 Ⅳ. ①TP391.414

中国版本图书馆 CIP 数据核字（2022）第 030309 号

策划编辑	俞丽莎	责任编辑	俞丽莎	封面设计	贺雅馨	版式设计	杜微言
责任绘图	李沛蓉	责任校对	胡美萍	责任印制	韩 刚		

出版发行	高等教育出版社	网　　址	http://www.hep.edu.cn	
社　　址	北京市西城区德外大街4号		http://www.hep.com.cn	
邮政编码	100120	网上订购	http://www.hepmall.com.cn	
印　　刷	北京华联印刷有限公司		http://www.hepmall.com	
开　　本	889mm×1194mm 1/16		http://www.hepmall.cn	
印　　张	17.75	版　　次	2015 年 7 月第 1 版	
字　　数	370 千字		2022 年 8 月第 3 版	
购书热线	010-58581118	印　　次	2022 年 8 月第 1 次印刷	
咨询电话	400-810-0598	定　　价	59.00 元	

前　言

Animate 是 Adobe 公司为了适应移动互联网和跨平台数字媒体的应用需求，由 Flash 发展而来的一款集动画创作与应用程序开发于一体的优秀二维动画设计软件。它提供了直观且丰富的设计工具和命令，在继续支持 Flash SWF 文件的基础上，加入了对 HTML5、WebGL 甚至虚拟现实（VR）的支持，为专业设计人员和业余爱好者制作短小精悍的动画作品和应用程序提供了很大的帮助，深受动画设计爱好者和网页设计人员的喜爱。

¤ 本书特色

本书是"十二五"职业教育国家规划教材、全国优秀教材二等奖《二维动画设计软件应用——Flash CS6（第 2 版）》的修订版，采用一体化设计理念全方位设计教材内容，包括配备辅导实训手册、二维码教学视频、Abook 资源、MOOC 在线开放课程等。

本书依据教育部《中等职业学校计算机平面设计专业教学标准》中"二维动画设计软件应用"课程的具体要求，全书内容突出适用性、科学性和先进性，以真实生产项目、典型工作任务为载体，紧扣技术发展的新技术、新工艺、新规范、新标准以及相关专业岗位能力需求；让学生在掌握知识技能的同时，了解动画设计思路以及实际开发制作经验，提高相关岗位的职业能力。

本书紧紧围绕立德树人根本任务，挖掘学科特色的思政教育元素，使之与学科内容有机融合，在培养学生信息技术核心素养的过程中实现价值引领。本书案例中的动画作品均为原创作品，内容涉及关注儿童心理健康、慢性病防治科普知识、共创美好生态城市、中国传统节日等，涵盖动画短片、网络广告、教学课件、电子贺卡、游戏设计等方面的应用。

¤ 本书内容体系

本书总体划分为 5 个技能模块（共需 72 学时），课时分配及内容概括如下：

● **模块 1　动画及软件基础（4 学时）**

主要介绍动画的概念及分类，Animate 软件及应用领域；通过让学生体验第一个案例的制作过程，熟悉动画的制作流程和 Animate 的工作界面；掌握新建文档，各种类型文件的导入方法，理解元件、实例、图层、帧的概念，以及发布和输出动画的方法。

- 模块2　动画基本绘制（12学时）

主要介绍在 Animate 中绘制矢量图形的方法，包括角色和场景的绘制；通过案例绘制，让学生熟悉 Animate 中绘图工具的使用方法以及相关属性等。

- 模块3　基础动画制作（24学时）

主要介绍 Animate 中逐帧动画、补间形状、传统补间与补间动画这几种基本动画的创作过程，以及动画预设的使用方法。

- 模块4　高级动画制作（24学时）

主要介绍 Animate 中引导动画、遮罩动画、骨骼动画与媒体动画等高级动画的创作过程与制作方法。

- 模块5　动画脚本技巧（8学时）

主要介绍 Animate 动作脚本 ActionScript 3.0 的基础知识，深入讲解 Animate 中代码片断的强大功能，利用其对动画和影片剪辑的基本控制方法以及简单的脚本技巧的运用。

每个模块包括多个案例，每个案例的内容分为5个环节，充分体现"行动导向、任务引领、学做结合、理实一体"的职业教育理念：

环节一："案例分析"：包括案例的设计分析、案例的学习目标和策划思路导图。

环节二："预备知识"：是学生在学习本案例操作之前需要了解的知识点或需要初步具备的知识与技能。它将有利于学生对于案例操作的理解和掌握。

环节三："案例实施"：采用图文结合方式，分任务地全面展现了案例制作过程中的细节，采用美观性强的双栏排版方式进行左右图文结合讲解，除步骤说明以外，图中还配有相关细节标注，以及相关实践经验中的"小提示"等，为学生化解阅读和学习上的障碍。

环节四："知识链接"：是对案例中涉及的新知识点进行具体讲解，便于学生对知识的查阅和学习。

环节五："学习检测"：是对学生"学习目标"是否达到的检测，包括知识和技能两部分。"知识获取"是对本案例理论知识点的巩固，"技能掌握"是在学生完成"学习目标"后通过"实训案例"进行的"举一反三"的知识迁移过程。

✿ 创作团队

本书的创作团队来自一线的中高职院校数字媒体技术应用或计算机平面设计相关专业教师以及武汉艺画童年文化艺术传播有限公司动画导演，他们长期从事二维动画的教学和创作，有着独特的教学思路、先进的教学理念、科学的教学方法和丰富的开发实战经验。可以让学生少走弯路，高效地学习 Animate 动画制作。

本书由欧阳俊梅、叶蕾任主编，曲俊红、吴静、李玉洁任副主编，欧阳俊梅制定了本书的编写方案并统稿，叶蕾、王喆设计制作了案例，万青、武阳、张瑶敏参与内容编写，在此一并深表感谢。

✳ 适用人群

本书语言通俗易懂，并配以大量图示，特别适合零基础的初学者，有一定使用经验的用户也可以从本书中学到大量高级功能和 Animate 的新增功能。

本书注重教学过程设计，能有效指导教师的课堂教学过程和激发学生的学习兴趣，对于数字媒体或动画相关专业人员而言，本书提供了丰富的实际应用案例以及实践经验总结。

本书配套网络教学资源，包括全部案例文件、素材文件、实训操作文件和二维码教学视频，使用这些资源，结合书中的讲解将会收到事半功倍的效果。使用本书封底所赠的学习卡，登录 http://abook.hep.com.cn/sve，可获得相关资源，详细说明参见书末"郑重声明"页。

另外，本书还配套"二维动画设计"MOOC 课程，可帮助广大师生更加全面、系统地学习该课程。请登录"中国大学 MOOC 职教频道"，搜索"二维动画设计"，登录后可免费学习。

由于编者水平有限，难免存在不足与疏漏，恳请广大教师、学生提出宝贵意见，我们将不断修订，使本书日趋完善。读者意见反馈邮箱：zz_dzyj@pub.hep.cn。

编 者

2022.7

目　录

1.1 动画基础知识
案例——透视缩放

1.1.1　案例分析

1. 案例设计

Animate 是一款优秀的动画、游戏和多媒体制作软件。"工欲善其事，必先利其器"，在学习 Animate 制作动画之前，首先要对动画和软件有一个初步的了解。

本案例通过启动 Animate 后从模板新建的方式，创建一个 Animate 自带的透视缩放范例动画。通过对动画的观察与测试发布，了解 Animate 的工作界面以及基本功能。

2. 学习目标

了解动画的概念及分类，Animate 软件及应用领域；熟悉 Animate 软件的工作界面，掌握从模板新建动画、预览和测试动画的方法；学会导出或发布不同格式的动画。

3. 策划导图

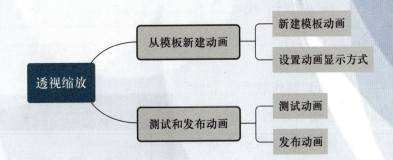

1.1.2　预备知识

1. 动画

动画是通过把角色的表情、动作、变化等分段画成许多画幅，再用摄影机连续拍摄成一系列画面，播放时在视觉上产生连续变化的效果。它的基本原理与电影、电视一样，都是基于视觉暂留现象。医学证明，人类具有"视觉暂留"的特性，就是说人的眼睛看到一幅画或一个物体后，在 0.34 秒内不会消失。利用这一原理，在一幅画还没有消失前播放下一幅画，就会给人造成一种流畅的视觉变化效果。因此，电影采用 24 幅 / 秒画面的速度拍摄和播放，电视采用了 25 幅 / 秒（PAL 制，中国电视就用此制式）或 30 幅 / 秒（NTSC 制）画面的速度拍摄和播放。如果以低于 10 幅 / 秒画面的速度拍摄，播放时就会出现停顿现象。

动画按工艺技术一般分为：平面手绘动画、立体拍摄动画、虚拟生成动画、真人结合动画；按传播媒介一般分为：影院动画、电视动画、广告动画、科教动画等。其中虚拟生成动画主要分为二维动画和三维动画两种，用 Animate 等软件制作的是二维动画，而三维动画则主要是用 Maya 或 3ds Max 等软件制作而成。

2. Animate 简介

Animate 是 Adobe 公司为了适应移动互联网和跨平台的数字媒体应用需求，由 Adobe Flash Professional CC 发展而来的一款功能强大的动画设计制作软件，其缩写为 An。它继承了原来 Flash 的矢量动画制作功能，依然可以用其创作基于时间轴的二维动画；还新增了 HTML 5 创作工具，为网页开发者提供更适应现有网页应用的图片、音频、视频、动画等创作支持，并且依靠其发布格式方面的灵活性，可以多种格式将动画快速发布到多个平台并传送到观看者的任何屏幕上。

3. Animate 应用领域

随着互联网技术的发展和 Animate 功能的日益增强，应用 Animate 可以设计制作出丰富的交互式矢量动画和位图动画，制作的动画可以应用于动画短片、网络广告、教学课件、电子贺卡、游戏设计等。

图 1.1.1　科普短片——人体王国

（1）动画短片

Animate 作为一款二维动画制作软件，非常适合制作一些造型独特、生动有趣的公益短片、宣传短片、故事短片等。如图 1.1.1 所示为本书模块 2 中绘制角色和场景所选取的慢性病防治中心制作的科普短片——人体王国。

（2）网络广告

网络广告一般具有短小精悍、表现力强的特点，Animate 使用的矢量动画技术，具有动画体积小、画面精美、多媒体表现力丰富等特点，所以很适合制作网络广告。如图 1.1.2 所示为

图 1.1.2　网络广告——地产广告

4.2 节案例——地产广告。

（3）教学课件

随着教育信息化水平的不断提高，Animate
在教学设计中也得到了广泛应用。使用 Animate
制作的课件体积小、表现生动、交互性强。如
图 1.1.3 所示为 4.3 节案例——英语课件。

图 1.1.3　教学课件——英语课件

（4）电子贺卡

在节假日或朋友生日发送电子贺卡已渐渐变
为一种网络时尚。在特殊的日子里，发送一份温
馨的电子贺卡将会让对方感到更加珍惜和幸福。
如图 1.1.4 所示为 4.1 节案例——中秋节贺卡。

图 1.1.4　电子贺卡——中秋节贺卡

（5）游戏设计

利用 Animate 中的 ActionScript（动作脚本）
功能，可以制作一些有趣的在线小游戏，这些
游戏具有制作简单、体积小、无须安装等特点。
如图 1.1.5 所示为 5.2 节案例——控制超人。当
然 Animate 还提供了 CreateJS 游戏开发引擎，可
以开发更加复杂的跨平台游戏。

图 1.1.5　小游戏——控制超人

1.1.3 案例实施

| Flash | 任务 1 | 从模板新建动画 |

1. 任务导航

任务目标	● 熟悉 Animate 软件的工作界面； ● 掌握从模板新建动画的方法	演示视频
任务活动	活动 1：新建模板动画； 活动 2：设置动画显示方式	
素材资源	源文件：模块 1\1.1\ 透视缩放 .fla	

2. 任务实施

活动 1：新建模板动画

STEP|01　单击"开始→所有程序→ Adobe Animate 2021"命令，或双击桌面上的"Adobe Animate 2021"快捷方式图标 **An**，启动 Adobe Animate，如图 1.1.6 所示。

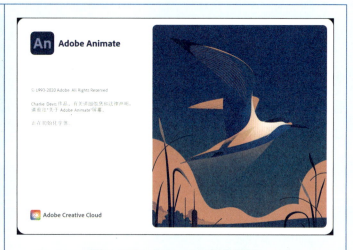

图 1.1.6　Animate 启动界面

STEP|02　进入 Animate 主页，如图 1.1.7 所示，单击"文件→从模板新建"命令（快捷键 Ctrl+Shift+N），打开"从模板新建"对话框。

小提示：

　　如需新建文档，可以单击主页左侧的"新建"按钮，打开"新建文档"对话框，或直接选择右侧"快速创建新文件"中的任一预设。

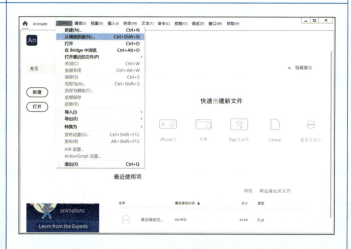

图 1.1.7　单击"从模板新建"命令

STEP|03 在"从模板新建"对话框中,在左侧"类别"列表中选择"范例文件",如图 1.1.8 所示,在右边"模板"列表中选择"透视缩放",单击"确定"按钮打开该范例文件。

图 1.1.8 选择范例模板

活动 2:设置动画显示方式

STEP|01 单击 Animate 工作界面右上方的"工作区"按钮 ▭,打开工作区切换菜单,如图 1.1.9 所示,默认的工作区布局模式是"基本",切换为"基本功能"布局模式,并折叠显示所有功能面板。

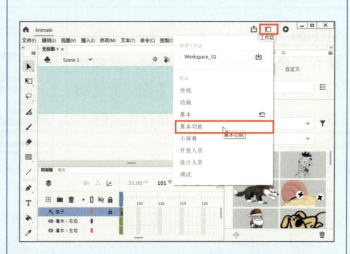

图 1.1.9 切换工作区布局模式

STEP|02 打开文档窗口右上角的显示比例下拉列表,如图 1.1.10 所示,选择显示比例为 25%,然后单击"舞台居中"按钮 ⊕,使舞台位于场景的中央位置。

图 1.1.10 调整显示比例

STEP|03　单击"时间轴"面板的"垫子"图层的"隐藏图层"按钮 👁，隐藏该图层，显示出舞台边框。然后如图 1.1.11 所示，单击文档窗口右上角的"剪切舞台范围以外的内容"按钮 ▢，只显示舞台上的内容。

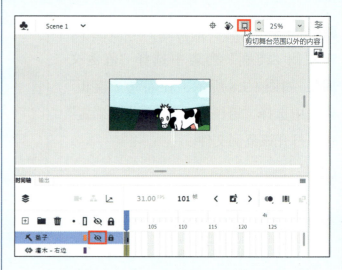

图 1.1.11　剪切舞台范围以外的内容

STEP|04　如图 1.1.12 所示，单击"文件→保存"命令（快捷键 Ctrl+S），在弹出的"另存为"对话框中，重命名此文档为"透视缩放范例 .fla"，保存该文档。

图 1.1.12　保存文档

任务 2　测试和发布动画

1. 任务导航

任务目标	● 掌握预览和测试动画的方法； ● 学会导出或发布不同动画格式的文件	演示视频
任务活动	活动 1：测试动画； 活动 2：发布动画	
素材资源	源文件：模块 1\1.1\ 透视缩放 .fla	

2. 任务实施

活动1：测试动画

STEP|01　调整文档窗口显示比例为"符合窗口大小"，单击"控制→播放"命令（快捷键 Enter），或单击"时间轴"面板中右侧的"播放"按钮 ▶，如图 1.1.13 所示，可以在舞台上预览动画播放效果。

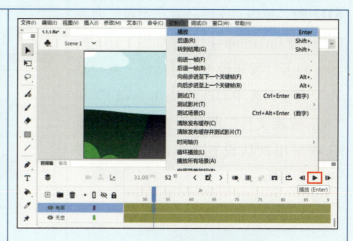

图 1.1.13　预览动画播放效果

STEP|02　单击"控制→测试"命令（快捷键 Ctrl+Enter），或单击 Animate 工作界面右上方的"测试影片"按钮 ●，如图 1.1.14 所示，会在 Animate 环境中打开影片测试窗口并播放动画。

图 1.1.14　测试影片

活动2：发布动画

STEP|01　单击"文件→导出→导出视频/媒体"命令，打开"导出媒体"对话框，如图 1.1.15 所示，在该对话框中默认导出格式为"QuickTime"格式，并确认"输出"路径，单击"导出"按钮，将动画导出为视频格式。

> **小提示：**
> 如果要导出"QuickTime"以外的其他视频格式，则需要安装 Adobe Media Encoder 的最新版本。

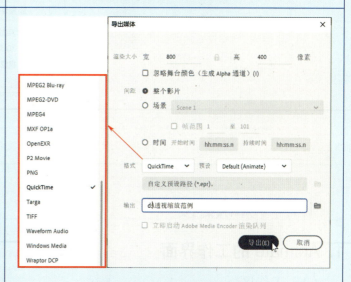

图 1.1.15　导出视频格式

STEP|02　单击"文件→发布设置"命令（快捷键 Ctrl+Shift+F12），如图 1.1.16 所示，打开"发布设置"对话框，在"发布"类型列表中勾选"Flash（swf）"和"Win 放映文件"两种发布格式，其他选项采用默认设置，单击"发布"按钮，发布动画。

图 1.1.16　发布设置

STEP|03　动画发布后，文档所在的文件夹中会自动出现如图 1.1.17 所示的 4 种格式文件。单击"文件→关闭"命令（快捷键 Ctrl+W），关闭此文档，或单击"文件→退出"命令（快捷键 Ctrl+Q），退出 Animate 软件。

图 1.1.17　4 种格式文件

1.1.4　知识链接

1. Animate 的工作界面

（1）工作区

单击"开始→所有程序→ Adobe Animate 2021"命令或双击桌面上的"Adobe Animate

2021"快捷方式图标 （此处为小图标），启动 Animate。新建文档后，Animate 默认的工作界面主要由菜单栏、场景编辑区、面板组、"时间轴"面板、"工具"面板等部分组成，如图 1.1.18 所示。

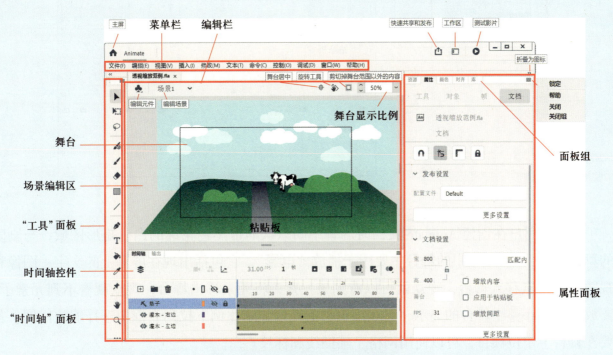

图 1.1.18 Animate 的工作界面

Animate 工作区中可以将任一面板拖出放在屏幕上任意位置、调整面板大小。面板组的弹出菜单还能为用户在任何特定位置锁定面板，如果锁定，则面板不能再被任意拖动。

（2）工作区切换

单击 Animate 工作界面右上角的"工作区"按钮，弹出工作区切换菜单，它提供了多种工作模式供用户选择，以更改 Animate 中各种面板的位置、显示或隐藏方式；也可以单击"窗口→工作区"命令来选择工作区模式。

Animate 提供了 8 种预置的工作区模式，包括"传统""动画""基本"（默认模式）、"基本功能""小屏幕""开发人员""设计人员""调试"，适用于不同的需求，如图 1.1.19 所示。在此用户可以通过"新建工作区"处的"保存工作区"命令，自定义工作区。如果在实际操作中，不慎弄乱了布局，要恢复到原始状态，只需要单击该工作区模式后面的"重置"按钮 ↺ 即可。

（3）场景和舞台

场景就是制作动画时各个独立的工作区，使用场景可以达到按照主题意思来组织、管理动画文档的目的，并且每个场景都对应一个单独的时间轴，如图 1.1.20 所示。

图 1.1.19 工作区切换菜单

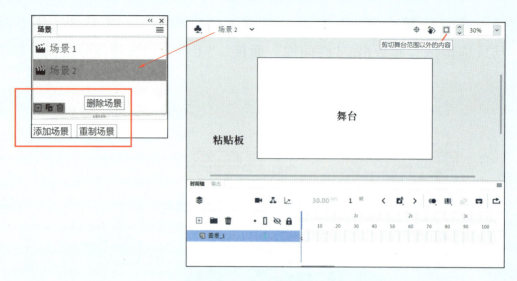

图 1.1.20　场景

　　舞台是用户在创建 Animate 文档时屏幕中间默认的带黑色轮廓的白色矩形区域，与剧院的舞台类似，Animate 中的舞台主要用于播放"电影"，它包括出现在屏幕上的文字、图像和视频等。元素移入舞台，观众就可以看到该元素；将元素移出舞台，观众就看不到元素了。要放大或缩小整个舞台的显示，可在编辑栏的舞台显示比例下拉列表框中选择缩放比例；若要在舞台上定位项目，可以使用网格、辅助线和标尺。

　　默认情况下，舞台外面灰色的区域是可见的，可以在这个区域中放置不愿意被观众看到的元素，这个灰色区域叫作"粘贴板"。我们可以通过单击场景右上角的"剪切舞台以外的内容" ▢ 来裁剪舞台区域以外的元素，以了解观众最终看到的影片画面的效果。

　　舞台的尺寸、背景颜色等属性可以在"属性"面板中进行设置，如图 1.1.21 所示，在"属性"面板中若勾选"缩放内容"复选框，如果调整舞台大小，其中的内容会随舞台等比例调整大小；若勾选"应用于粘贴板"复选框，可使粘贴板的颜色与舞台颜色相同，相当于为用户提供一个没有边界的画布。

　　（4）"时间轴"面板

　　Animate 中的时间轴用于组织和控制在一定时间内图层和帧中的内容。与电影胶片一样，Animate 文档也将时长划分为多个帧。图层就像堆叠在一起的多张幻灯胶片一样，每个图层都包含一个不同的图像显示在舞台中。"时间轴"面板的主要组件是时间轴控件、图层、帧和播放头，如图 1.1.22 所示。时间轴显示文档中哪些地方有动画，包括逐帧动画、补间动画和运动路径。使用时间轴的"图层"组件可以隐藏、显示、锁定或解锁图层，而且能将图层内容显示为轮廓。

图 1.1.21　"属性"面板

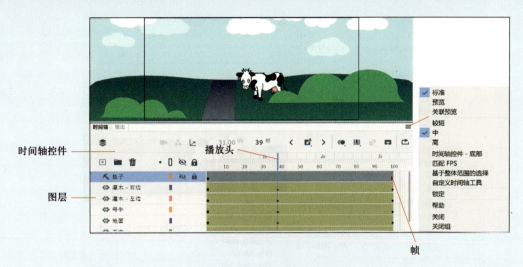

图 1.1.22 "时间轴"面板

2. 测试与发布动画

动画作品制作好后，要通过导出或发布方式将其制作成可以独立播放的动画文件。因为并不是所有应用系统都支持 Animate 文件格式，如果要在网页或其他应用程序中编辑动画作品，可以将它们以通用的文件格式导出，如 GIF、JPEG、PNG、BMP、PICT、MOV、MPEG 等。

（1）影片的测试

单击"控制→测试"命令或按 Ctrl+Enter 快捷键，可以测试影片。Animate 会从 FLA 文件中创建一个 SWF 文件。如果被测试的动画有几个不同的场景，使用此命令可以按先后顺序测试到每一个场景中的动画。

单击"控制→测试场景"命令或按 Ctrl+Alt+Enter 快捷键，只能对动画中的当前场景进行测试，而无法测试当前场景以外的其他场景。

单击"调试→调试"命令或按 Ctrl+Shift+Enter 快捷键，打开 Animate 的"调试控制台"，在此处可以对已会动作脚本的文档启用独立的 Animate 播放器进行调试。

（2）影片的导出

单击"文件→导出"命令，如图 1.1.23 所示，可以选择将文件导出为图像、动画、视频或影片等。

● 导出图像：可以把当前帧或图像导出为一种静止图像格式，同时在导出时可以对图像进行优化处理。

● 导出图像（旧版）：可以将当前帧或图像导出为一种静止图像格式。

● 导出影片：可以将动画导出为包含一系列图片、音频的动画格式或静止帧；当导出为静止图像时，可以为文档中的每一帧都创建一个带有编号的图像文件；还可以将文档中的声音导出为 WAV 文件。

图 1.1.23 "导出"命令

- 导出视频 / 媒体：可以将做好的动画导出为各种视频或音频格式的文件。
- 导出动画 GIF：可以将做好的动画导出为 GIF 格式的动画文件。

（3）影片的发布

单击"文件→发布"命令，在文档文件夹中会生成与文档文件同名的 SWF 文件和 HTML 文件。如果要设置同时输出多种格式的动画作品，可单击"文件→发布设置"命令，打开"发布设置"对话框，如图 1.1.24 所示，这里提供了多种发布格式及其参数设置，用户可以选择自己想要的格式。

- Flash（.swf）：是网络上流行的动画格式，是一个脱离 Animate 软件环境的影片文档格式。
- SWC：用于分发组件，该文件包含了编译剪辑、组件的 ActionScript 类文件以及描述组件的其他文件。
- HTML 包装器：HTML 文件用于在网页中引导和播放 Animate 动画作品。如果要在网络上播放 Animate 影片，需要创建一个能激活影片并指定浏览器设置的 HTML 文件。
- GIF 图像：用户可以将动画发布为 GIF 格式的动画图片，这样不使用任何插件就能观看动画。但 GIF 格式的动画已经不属于矢量动画，不能任意无损放大或缩小画面，而且动画中的声音和动作都会失效。
- JPEG 图像：是一种最常用的有损压缩图像文件格式。
- PNG 图像：是一种可以跨平台、支持透明度的图像格式。
- OAM 包：可以将 HTML5 Canvas、ActionScript 或 WebGL 格式的 Animate 内容导出为 OAM（.oam）动画小部件文件，然后通过 Animate 生成的 OAM 文件放在 Dreamweaver、Muse 或 InDesign 等其他 Adobe 应用程序中使用。

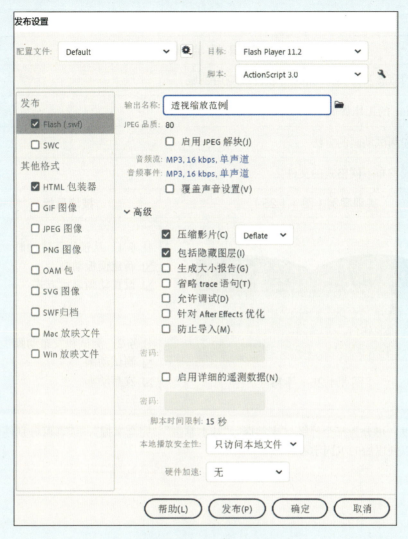

图 1.1.24　发布设置

● SVG 图像：SVG 是一种 XML 标记语言，又称为可伸缩矢量图形。可伸缩矢量图形在缩放和改变尺寸的情况下保持图像质量不变，在任何分辨率下都可以高质量地打印，与 JPEG 和 GIF 图像相比，可压缩性更强，尺寸更小。同时可伸缩矢量图形又是可交互和动态的，可以嵌入动画元素或通过脚本来定义动画，可以用于 Web、印刷及移动设备。

● SWF 归档：与 SWF 文件不同的是，它可以将不同的图层作为单独的 SWF 文件进行打包，再导入 Adobe After Effects 中快速设计动画。

● Mac 放映文件：创建一个可以在 Mac 计算机上运行的 .app 文件。

● Win 放映文件：创建一个可以在 Windows 计算机上运行的 .exe 文件。

1.1.5　学习检测

	知 识 要 点		掌握程度
知识获取	了解动画的概念及分类，Animate 软件及应用领域		
	熟悉 Animate 的工作界面		
	掌握预览和测试动画的方法		
	学会导出或发布不同格式的文件		
	实训案例（图 1.1.25）	技能目标	掌握程度
技能掌握	 图 1.1.25　平移	任务 1　从模板新建动画 ↘ 新建模板动画 ↘ 设置动画显示方式	
		任务 2　测试和发布动画 ↘ 测试动画 ↘ 发布动画	

说明："掌握程度"可分为三个等级："未掌握""基本掌握""完全掌握"，读者可分别使用"×""○""√"来呈现记录结果，以便以后的巩固学习。

1.2 体验动画制作

案例——"Animate 动画课堂"片头

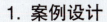

1.2.1 案例分析

1. 案例设计

常规动画制作的流程主要包括以下几个步骤：① 确定基本任务；② 创建并导入媒体元素；③ 在舞台和时间轴中定义显示的时间和显示方式；④ 根据需要应用图形滤镜和其他特殊效果；⑤ 使用 ActionScript 代码控制交互响应方式；⑥ 测试并发布应用程序。

本案例将根据以上常规动画制作流程，用类似搭积木的方式制作"Animate 动画课堂"片头动画，为后面即将学习的知识构建系统的认知结构。

2. 学习目标

了解 Animate 支持的文件格式及导入方式；理解元件和实例、图层和帧的概念；熟悉图层的基本操作，掌握三种不同类型元件的创建和编辑方法，并初步尝试补间动画的制作方法。

3. 策划导图

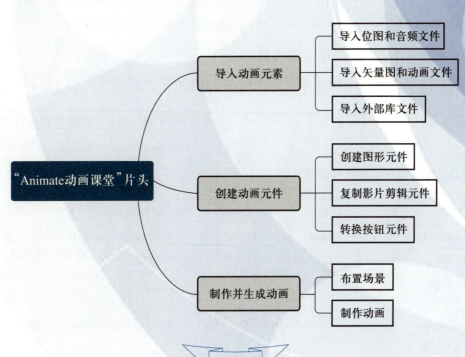

1.2.2 预备知识

1. Animate 支持的文件格式

（1）图形格式

Animate 支持不同的矢量或位图文件格式，参见表 1.2.1，具体取决于系统是否安装了 QuickTime 4 或更高版本，QuickTime 4 扩展了 Windows 平台和 Macintosh 平台对某些文件格式（包括 PICT、QuickTime 影片以及其他类型）的支持。注意，导入的图形文件不能小于 2 px × 2 px。

表 1.2.1　常用导入图形文件格式

文件类型	扩展名	文件类型	扩展名
Adobe Illustrator	.ai	GIF 和 GIF 动画	.gif
Adobe Photoshop	.psd	JPEG	.jpg
AutoCAD DXF	.dxf	PNG	.png
位图	.bmp	Flash Player 6/7	.swf
增强的 Windows 元文件	.emf	Windows 元文件	.wmf
FutureSplash Player	.spl	Adobe XML 图形文件	.fxg

只有安装了 QuickTime 4 或更高版本，才能将表 1.2.2 中位图文件格式导入 Animate。

表 1.2.2　特殊位图文件格式

文件类型	扩展名	文件类型	扩展名
QuickTime 图像	.qtif	TIFF	.tif

（2）音频格式

Animate 支持表 1.2.3 中音频格式的文件。

Animate 仅在安装了 QuickTime 4 或更高版本的情况下，才能导入表 1.2.4 中音频格式。

表 1.2.3　常用导入音频文件格式

文件类型	扩展名
Adobe Soundbooth	.asnd
波形	.wav
音频交换文件格式	.aiff
MP3	.mp3

表 1.2.4　特殊音频文件格式

文件类型	扩展名
音频交换文件格式	.aiff
Sound Designer II	.sd2
只有声音的 QuickTime 影片	.mov、.qt
Sun AU	.au
System 7 声音	.snd
波形	.wav

（3）视频格式

Animate 支持表 1.2.5 中视频格式。

表 1.2.5　常用导入视频文件格式

文件类型	扩展名	文件类型	扩展名
Adobe Animate 视频	.flv、.f4v	MPEG-4	.mp4、.m4v、.avc
QuickTime 影片	.mov、.qt	数字视频	.dv、.dvi
Windows 视频	.avi	适用于移动设备的 3GPP/3GPP2	.3gp、.3gpp、.3gp2、.3gpp2、.3p2
MPEG	.mpg、.m1v、.m2p、.m2t、.m2ts、.mts、.tod、.mpe、.mpeg		

2. 文件导入方式

（1）将 Adobe Illustrator 和 Adobe Photoshop 文件导入 Animate 中时，可以指定保留大部分插图可视数据的导入选项，以及通过 Animate 创作环境保持特定可视属性可编辑的功能。

（2）将矢量图形从 FreeHand 导入 Animate 中时，可以选择用于保留 FreeHand 图层、页面和文本块的选项。

（3）从 Fireworks 中导入 PNG 文件时，可以将该文件作为 Animate 的可编辑对象进行导入，或作为可以在 Fireworks 中编辑和更新的拼合文件进行导入。选择用于保留图像、文本和辅助线的选项。（注意：如果通过剪切和粘贴的方式从 Fireworks 中导入 PNG 文件时，该文件被转换为位图。）

（4）将 SWF 和 WMF（Windows 元文件格式）文件直接导入 Animate 文档（不是库）中时，这些文件中的矢量图形是作为当前图层中的一个组导入的。

（5）直接导入 Animate 文档中的位图（扫描的照片、BMP 文件）是作为当前图层中的单个对象导入的。Animate 保留所导入位图的透明度设置。因为导入位图可能会增大 SWF 文件的大小，所以应考虑压缩导入的位图。（注意：通过拖放操作将位图从应用程序或桌面导入 Animate 时，将不能保留位图透明度。若要保留透明度，需要单击"文件→导入到舞台"或"导入到库"命令进行导入。）

（6）直接导入 Animate 文档中的任何图像序列（例如，PICT 或 BMP 序列）是作为当前图层的连续关键帧导入的。

1.2.3 案例实施

任务 1 **导入动画元素**

1. 任务导航

任务目标	• 了解 Animate 支持的文件格式； • 掌握各种格式文件的导入方法	演示视频
任务活动	活动 1：导入位图和音频文件； 活动 2：导入矢量图和动画文件； 活动 3：导入外部库文件	
素材资源	素材：模块 1\1.2\ 素材 源文件：模块 1\1.2\fla\1.2.1.fla	

2. 任务实施

活动 1：导入位图和音频文件

STEP|01 启动 Animate，单击"文件→新建"命令，打开"新建文档"对话框。如图 1.2.1 所示，选择"教育"预设中的"中 800×600"选项，并修改"平台类型"为"ActionScript 3.0"，单击"创建"按钮，创建一个新文档，保存文件名为"Animate 动画课堂 .fla"。

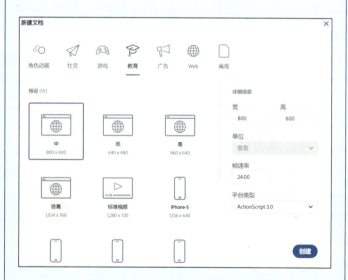

图 1.2.1 Animate 启动界面

STEP|02　单击"文件→导入→导入到舞台"命令（快捷键 Ctrl+R），打开"导入"对话框，选择"素材"文件夹中的"背景 .psd"，单击"打开"按钮，如图 1.2.2 所示。

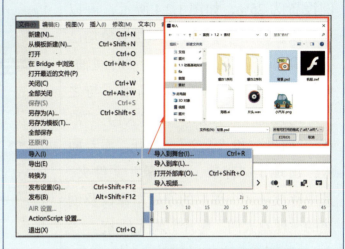

图 1.2.2　导入"背景 .psd"文件到舞台

STEP|03　打开"将'背景 .psd'导入到舞台"对话框，如图 1.2.3 所示，先在"选择所有图层"选项组中，选中"课堂大门"图层，然后勾选右边的"创建影片剪辑"复选框，并取实例名称为"课堂大门"，"对齐"位置单击中心点，默认将图层转换为"Animate 图层"，单击"导入"按钮。

> **小提示：**
>
> 　　导入 PSD 文件时，Animate 可以保留许多在 Photoshop 中应用的属性，并保留图像的颜色以及进一步修改图像的选项。可以选择将每个 Photoshop 图层转换为 Animate 图层、关键帧或单独一幅栅格化图像，还可以将 PSD 文件封装为影片剪辑。

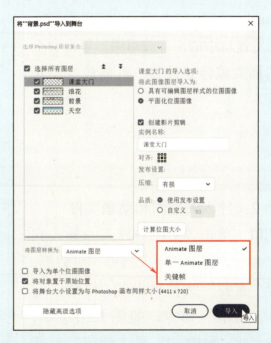

图 1.2.3　"将'背景 .psd'导入到舞台"对话框

STEP|04 导入到舞台后，将舞台显示比例设置为25%，如图1.2.4所示，可以看到该素材图片中的4个图层对象均已导入到舞台上，并且自动在"时间轴"面板的"图层_1"图层上新增了与之一一对应的4个图层："课堂大门""浪花""前景"和"天空"。打开"库"面板，出现了"背景.psd资源"文件夹，其中存放了4个图层的原始图像以及创建的"课堂大门"影片剪辑元件 。

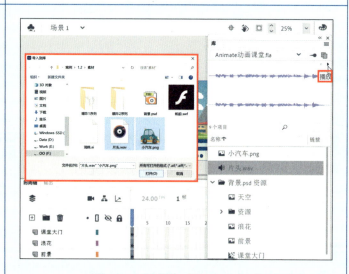

图1.2.4　导入舞台后

STEP|05 单击"文件→导入→导入到库"命令，将"素材"文件夹中的"小汽车.png"和"片头.wav"一次性导入到库中。选中导入后的音频文件"片头.wav"，如图1.2.5所示，可以看到元件预览窗口中的声音波形图，单击右上角的播放或停止按钮，可播放或停止音乐。

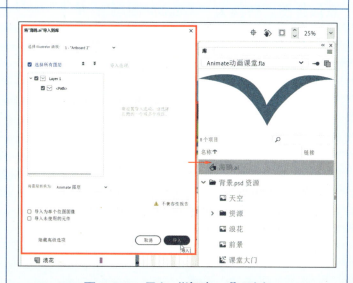

图1.2.5　预览"片头.wav"

活动2：导入矢量图和动画文件

STEP|01 单击"文件→导入→导入到库"命令，打开"导入到库"对话框，选择"素材"文件夹中的"海鸥.ai"，单击"打开"命令，如图1.2.6所示，弹出"将'海鸥.ai'导入到库"对话框，勾选"选择所有图层"复选框，其他选项采用默认设置，单击"导入"按钮，此矢量图就导入到"库"面板中并自动转换成一个图形元件 。

图1.2.6　导入"海鸥.ai"到库

STEP|02 将"素材"文件夹中的"帆船.swf"导入库中，如图 1.2.7 所示，"库"面板中会出现若干个元件或位图，其中包含"帆船.swf"影片剪辑元件，选中该元件，在"库"面板的预览窗口中单击右上方"播放"按钮，预览该影片剪辑元件的动画效果。

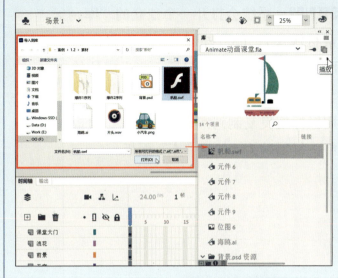

图 1.2.7　导入"帆船.swf"到库

STEP|03 在"库"面板中单击左下角的"新建文件夹"按钮，创建一个新文件夹并命名为"帆船资源"，如图 1.2.8 所示，选中该文件导入后生成的除影片剪辑外的所有其他元件都拖入到此文件夹中。

图 1.2.8　规划"库"面板元素

活动 3：导入外部库文件

STEP|01 单击"文件→导入→打开外部库"命令（快捷键 Ctrl+Shift+O），如图 1.2.9 所示，打开"素材"文件夹中的"素材源文件.fla"。

图 1.2.9　打开外部库

STEP|02 系统会打开一个独立的"库 – 素材源文件.fla"外部"库"面板，如图 1.2.10 所示，库中包括一些半成品的动画元件。全选外部库中所有的元件，用鼠标拖曳复制到本文档的"库"面板中，复制后关闭外部"库"面板。

图 1.2.10　拖入外部库元件

任务 2　创建动画元件

1. 任务导航

任务目标	• 认识图形元件、影片剪辑元件和按钮元件； • 掌握元件的创建和编辑方法	
任务活动	活动 1：创建图形元件； 活动 2：复制影片剪辑元件； 活动 3：转换按钮元件	演示视频
素材资源	素材：模块 1\1.2\fla\1.2.1.fla 源文件：模块 1\1.2\fla\1.2.2.fla	

2. 任务实施

活动 1：创建图形元件

STEP|01 单击"插入→新建元件"命令（快捷键 Ctlr+F8）或直接单击"库"面板左下角的"新建元件"按钮，如图 1.2.11 所示，弹出"创建新元件"对话框，设置元件名称为"爆炸 1"，元件类型选择"图形"，单击"确定"按钮。

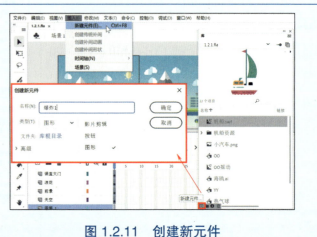

图 1.2.11　创建新元件

STEP|02　进入"爆炸1"图形元件的编辑场景中，单击"文件→导入→导入到舞台"命令，打开"导入"对话框，如图1.2.12所示，在"素材"文件夹中选择"爆炸1序列"文件夹中的第一幅图片"BZ10001.png"，单击"打开"按钮。

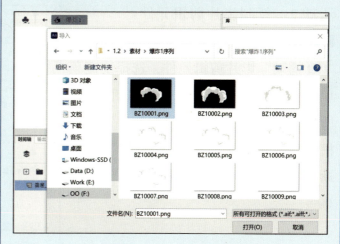

图 1.2.12　编辑元件

STEP|03　这时会弹出"此文件看起来是图像序列的组成部分……"提示对话框，如图1.2.13所示，单击"是"按钮。将18张序列图片一次性导入场景中，会对应生成18个关键帧，顺序播放可以看到爆炸的逐帧动画效果。

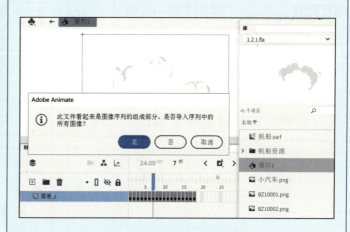

图 1.2.13　导入序列图

STEP|04　新建一个图形元件"爆炸2"，用同样的方法将"素材"文件夹"爆炸2序列"文件夹中的序列图片一次性导入，创建另一个爆炸效果的逐帧动画元件，如图1.2.14所示，在"库"面板中新建"爆炸序列图"文件夹，将刚才导入的两个爆炸效果的所有图片均归类到此文件夹中，然后单击"爆炸2"场景名左侧的返回主场景按钮 ←，返回"场景1"。

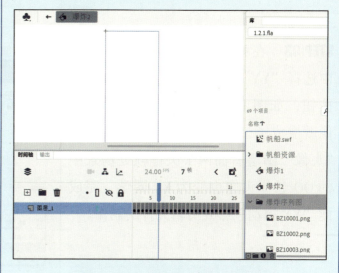

图 1.2.14　"爆炸2"图形元件

活动2：复制影片剪辑元件

STEP|01 在"库"面板中鼠标右键单击"OO摇动"影片剪辑元件，选择快捷菜单中的"直接复制"命令，如图1.2.15所示，在弹出的"直接复制元件"对话框中修改影片剪辑元件名称为"YY摇动"，单击"确定"按钮进入元件编辑场景。

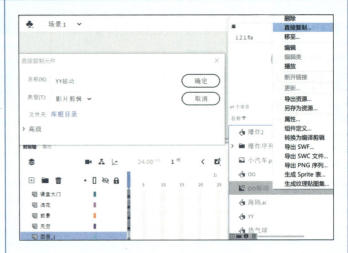

图1.2.15 复制元件

STEP|02 单击"时间轴"面板中"头像"图层的锁定按钮 🔒，解除该图层的锁定。选中此图层第1帧，关键帧对应场景中的OO老师头像，单击鼠标右键，在弹出的快捷菜单中选择"交换元件"命令，如图1.2.16所示。

图1.2.16 编辑元件

STEP|03 在弹出的"交换元件"窗口中选择"YY"图形元件，单击"确定"按钮，如图1.2.17所示，OO老师的头像就变成了YY同学。用同样的方法将"头像"图层后面两个关键帧处场景中的OO老师头像也变为YY同学，完成此"YY摇动"影片剪辑元件的制作。

图1.2.17 交换元件

活动 3：转换按钮元件

STEP|01 在"库"面板中展开"背景.psd资源"文件夹，鼠标右键单击其中的"课堂大门"影片剪辑元件，选择快捷菜单中的"属性"命令，如图 1.2.18 所示，在弹出的"元件属性"对话框中修改其类型为"按钮"，单击"确定"按钮，此元件就变为一个按钮元件。

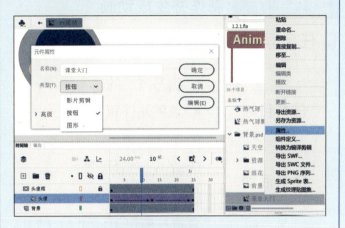

图 1.2.18 转换元件

STEP|02 双击"库"面板中的"课堂大门"按钮元件，进入元件的编辑场景，如图 1.2.19 所示，在"时间轴"面板图层的"弹起"关键帧处，选中场景中的图片对象，单击"修改→位图→转换位图为矢量图"命令，在弹出的"转换位图为矢量图"对话框中，修改"最小区域"为"1像素"，其他选项采用默认设置，单击"确定"按钮，将其转换为矢量图。

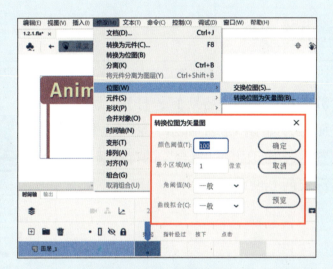

图 1.2.19 编辑元件

STEP|03 在"时间轴"面板"图层_1"图层的"指针经过"帧处按 F6 键插入关键帧，在"点击"帧处按 F7 键插入普通帧。在"指针经过"关键帧处，按 Shift 键并单击场景中大门上的黄色文字"Animate动画课堂"，打开"属性"面板，在"颜色和样式"选项组中将其"填充"颜色修改为白色（#FFFFFF），如图 1.2.20 所示。

图 1.2.20 修改元件样式

| **任务3** | **制作并生成动画**

1. 任务导航

任务目标	• 熟悉图层的基本操作； • 理解元件和实例的关系； • 掌握实例属性的设置	演示视频
任务活动	活动1：布置场景 活动2：制作动画	
素材资源	素材：模块1\1.2\fla\1.2.2.fla 源文件：模块1\1.2\fla\Animate 动画课堂 .fla	

2. 任务实施

活动1：布置场景

STEP|01 回到"场景1"，打开"属性"面板，如图1.2.21所示，将"文档设置"选项组中的"舞台"的背景颜色为深灰色（#999999）。

图1.2.21 修改"Animate 动画课堂 .fla"文档属性

STEP|02 将"时间轴"面板中空的"图层_1"图层拖到图层的最上方，修改图层名为"帆船"，选中此图层，如图1.2.22所示，将"库"面板中的"帆船 .swf"影片剪辑元件拖入场景中浪花处。

图1.2.22 拖入帆船

STEP|03 在"时间轴"面板上单击"新建图层"按钮,在图层的最上方创建一个新图层,命名为"海鸥",选中此图层,如图 1.2.23 所示,将"库"面板中的"海鸥.ai"图形元件拖到场景的天空处,按 Ctrl+T 快捷键打开"变形"面板,将"海鸥"实例对象的宽、高等比例缩放至"60.0%"。

图 1.2.23 拖入海鸥

STEP|04 选中舞台上的"海鸥"实例,按三次 Ctrl+D 快捷键将其复制出三个实例,分别排开,并依次选中每个实例对象,在"变形"面板中调整其大小为"50.0%""40.0%"和"30.0%"。并选中任一实例对象,在对象"属性"面板中选择"色彩效果"选项组中的"色调"选项,修改其着色如图 1.2.24 所示。

图 1.2.24 编辑海鸥实例

STEP|05 在"时间轴"面板的"海鸥"图层上方新建图层并命名为"热气球",选中该图层,如图 1.2.25 所示,将"库"面板中的"热气球飘动"影片剪辑元件拖入场景天空中。

图 1.2.25 拖入热气球

STEP|06 新建一个"冒烟"图层，选中该图层，如图 1.2.26 所示，将"库"面板中的"爆炸 1"图形元件拖到舞台大烟囱的上方，将"爆炸 2"图形元件拖入两个实例，分别放置在场景两个小烟囱的上方。

图 1.2.26　拖入爆炸

STEP|07 选中两个小烟囱中任意一个"爆炸 2"实例对象，如图 1.2.27 所示，在对象"属性"面板中设置循环选项，默认选择"循环播放图形"选项，单击"帧选择器"按钮，打开"帧选择器"对话框，在此图形元件的关键帧中选择第 7 帧的图像状态作为此实例的第一帧。

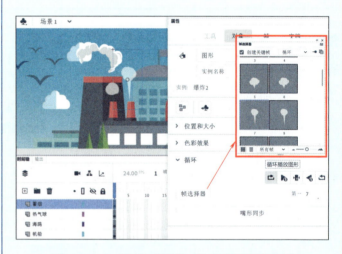

图 1.2.27　编辑"爆炸 2"图形元件实例

STEP|08 选中场景中的"课堂大门"实例对象，如图 1.2.28 所示，在该对象"属性"面板中修改其实例类型为"按钮"。

小提示：

　　"库"面板中"课堂大门"元件已经由影片剪辑元件转换为按钮元件，但并不会改变场景中已存在的实例对象，所以此时需要对此实例对象的属性进行修改。

图 1.2.28　编辑"课堂大门"图形元件实例

STEP|09 选中所有图层的第 150 帧，单击"时间轴控件"中的"插入帧"命令，延续整个动画的时长到第 150 帧。然后如图 1.2.29 所示，选中所有图层，单击鼠标右键，选择快捷菜单中的"将图层转换为元件"命令，在弹出的"将图层转换为元件"对话框中设置元件类型为"图形"元件，名称为"背景"。

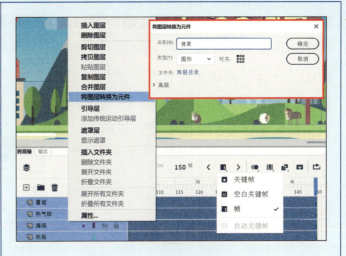

图 1.2.29　将图层转换为元件

活动 2：制作动画

STEP|01 在"时间轴"面板的"背景"图层上新建"小汽车"图层，如图 1.2.30 所示，从"库"面板中拖出"小汽车"图片到舞台地面上，然后拖出"OO 摇动"影片剪辑元件，等比例缩小至 35.0%，放置在小汽车的左侧窗口，拖出"YY 摇动"影片剪辑元件，放置在小汽车的右侧窗口，在"变形"面板中将宽、高等比例缩小至 35.0%，且设置"水平翻转所选内容"。

图 1.2.30　制作"小汽车"实例对象

STEP|02 鼠标右键单击"时间轴"面板中"背景"图层的第 1 帧关键帧，选择快捷菜单中的"创建补间动画"命令，如图 1.2.31 所示，将播放头移动到第 100 帧处，拖动舞台上的背景向左移动至"Animate 动画课堂"画面处，此时在"背景"图层的第 100 帧处会出现一个属性关键帧。

图 1.2.31　创建"背景"图层补间动画

STEP|03　新建一个"背景音乐"图层，选中该图层的第1帧，在帧"属性"面板的"声音"选项组中，在"名称"下拉列表框中选择"片头.wav"，其他选项采用默认设置，如图1.2.32所示。

图1.2.32　添加声音

STEP|04　单击"文件→保存"命令保存文档，按Ctrl+Enter快捷键测试动画，可以看到当小汽车停在"Animate动画课堂"大门处时，将鼠标移动到大门上，会出现文字变为白色的按钮效果，如图1.2.33所示。

图1.2.33　动画最终效果

1.2.4　知识链接

1. 元件、实例和库

（1）元件

元件是Animate中一种比较独特的、可重复使用的对象。它只需要创建一次，就可在整个动画中重复使用。元件可以是图形，也可以是动画。利用元件可以使编辑动画、创建复杂的交互变得更为简单。

（2）实例

实例是元件在场景中的应用，它是位于舞台上或嵌套在另一个元件内的元件副本。如果把元件比喻成底片，实例就是由底片冲洗出来的照片。一张底片可以冲印出多张照片，如果我们单独对某个照片进行修改，仅仅只会影响这一张照片，而修改底片会影响到所有照片，所以如果需要对许多重复的对象进行修改，只要对相应的元件进行修改，程序就会自动地根据所修改的内容对所有应用此元件的实例进行更新。

（3）库

当创建元件后，该元件自动保存在"库"面板中。每个 Animate 动画文件都有一个库，用来存放元件、位图、声音以及视频文件等媒体资源。通过"库"面板，可以快速地查看、组织和管理媒体资源。

形象地说，如图 1.2.34 所示，一个动画就相当于一个"舞台剧"，各种不同的元件是"舞台剧"的各类"演员"，库是容纳"演员"休息的"后台"，而根据时间轴所提供的"剧本"，到规定时间由规定的"演员"上台表演，而上台后一个"演员"可以演多个"角色"，也就是相当于元件的分身——实例。

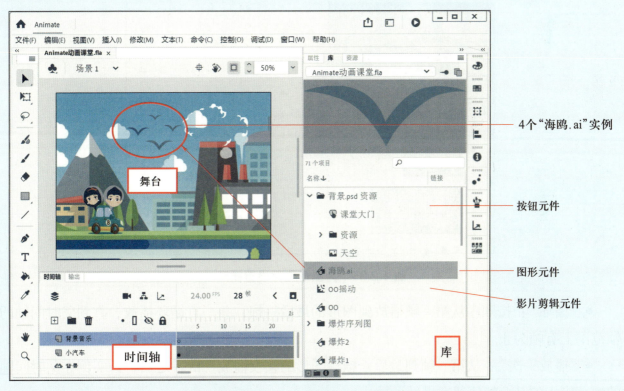

图 1.2.34　认识元件、实例和库

2. 元件类型

在 Animate 中，元件一共有 3 种类型，分别是影片剪辑元件、图形元件和按钮元件。

（1）影片剪辑元件

使用影片剪辑元件可以在 Animate 中创建可重用的动画片段。影片剪辑元件具有独立的时间轴，它们独立于影片的主时间轴。我们可以将影片剪辑看作是一些嵌套在主时间轴内的小时间轴，它们可以包含交互式控件、声音甚至其他影片剪辑实例。

也可以将影片剪辑实例放在按钮元件的时间轴内，以创建动画按钮。此外，可以使用 ActionScript 对影片剪辑进行改编。

（2）图形元件

图形元件可用于静态图像，也可用来创建连接到主时间轴的可重用动画片段。交互式控件和声音在图形元件的动画序列中不起作用。因为动画图形元件使用与主文档相同的时间轴，所以只能在文档编辑模式下显示它们的动画。

每个图形元件实例都具有与之关联的循环属性（即循环模式、第一帧、最后一帧）。如图 1.2.35 所示，选中实例对象后，在对象"属性"面板的"循环"选项组中可以更改其循环属性。有五种循环模式：循环、播放一次、单帧、倒放一次、反向循环。与实例关联的循环模式决定了该实例的播放行为。

图 1.2.35　为图形元件设置循环

● "循环"：按顺序从第一帧播放到图形的最后一帧，并一直循环播放，直到父时间轴的帧范围上有帧为止。

● "播放一次"：从第一帧到最后一帧，图形的帧仅播放一次。之后，该实例在父时间轴的帧范围中的其余帧停留在最后一帧。

● "单帧"：仅播放一个由"第一帧"属性指向的图形帧。

● "倒放一次"：仅反向（从最后一帧到第一帧）播放图形的帧一次。之后，该实例在父时间轴的帧范围中的其余帧停留在"第一帧"。

● "反向循环"：按顺序从最后一帧播放到图形的第一帧，并一直反向循环播放，直到父时间轴的帧范围上有帧为止。

（3）按钮元件

按钮元件是 Animate 中一种特殊的四帧交互式影片剪辑。在创建按钮元件时，Animate 会创建一个具有 4 个帧的时间轴。如图 1.2.36 所示，前 3 帧显示按钮的三种可能状态：弹起、指针经过和按下；第 4 帧定义按钮的活动区域。每种状态都可以通过图形、元件及声音来定义。

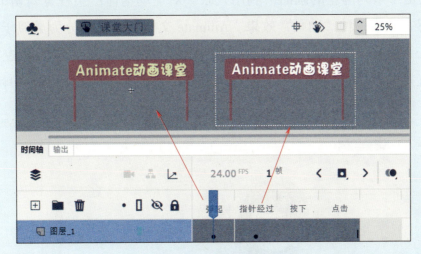

图 1.2.36　按钮元件

3. 图层

图层类似于一张透明的薄纸，如图 1.2.37 所示，每张纸上绘制着一些图形或文字，而一幅作品就是由许多张这样的薄纸叠合在一起而形成的。图层可以帮助用户组织文档中的插图，也可以在图层上绘制和编辑对象，并且不会影响到其他图层上的对象。

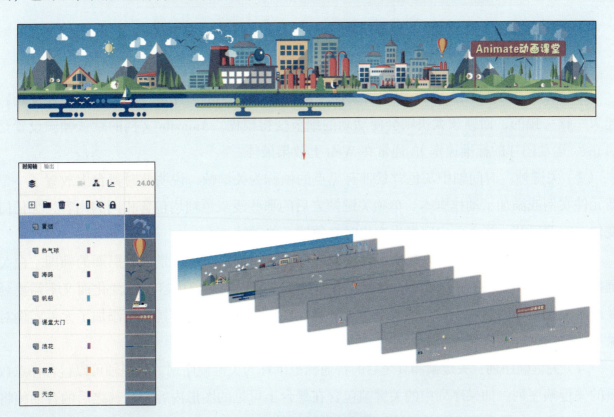

图 1.2.37　图层的原理

4. 帧

动画实际上是一系列静止的画面，利用人眼会对运动物体产生视觉暂留的原理，通过连续播放给人的感官造成一种"动画"效果。Animate 文档将时长划分为类似于电影胶片的帧。帧是动画的核心，如图 1.2.38 所示，在时间轴中，可使用这些帧来组织和控制文档的内容。在时间轴中放置帧的顺序将决定帧内对象在最终作品中的显示顺序，影片中帧的总数和播放速度共同决定了影片的总长度。

图 1.2.38　帧类型

（1）帧频：动画在 Animate 中的播放速度以每秒帧数（fps）计量。帧频太慢会使动画看起来一顿一顿的，而帧频太快则会使动画的细节变得模糊。Animate 文档的默认帧频设置是 24 fps（运动图片的标准速率），通常在 Web 上效果最佳。

（2）关键帧：时间轴中灰色背景带有黑点的帧称为关键帧，说明此时舞台上放置了一个新元件实例或添加了动作脚本。单独关键帧之后的那些浅灰色帧均包含相同的内容，无任何变化，为普通帧。当动画内容发生变化时必须插入关键帧。

（3）空白关键帧：空白关键帧不含任何内容。时间轴上白色背景带有黑圈的帧即空白关键帧。Animate 只支持在关键帧中绘画或添加对象，所以当对象内容发生变化而又不需要延续前一关键帧的内容时，需要插入空白关键帧。在空白关键帧处的舞台上添加了元件实例对象后，空白关键帧就变成了关键帧。

（4）关键帧序列：关键帧和其之后的普通帧范围称为关键帧序列。时间轴可以包含任意数量的关键帧序列。如果序列中的关键帧包含在舞台上可见的图形内容，则其之后的普通帧将显示为灰色；如果序列中的关键帧不包含任何图形内容，则其之后的普通帧将显示为白色。

5. Animate 中的动画类型

逐帧动画： 在时间轴上表现为在连续的关键帧中分解动画动作，也就是在时间轴每个关键帧上绘制不同的内容，使其连续播放而形成，如图 1.2.39 所示。

补间形状动画： 在时间轴上表现为浅橙色背景区域内一条从动画起始帧指向结束帧的箭头，可以实现两个形状之间的相互转换，如图 1.2.40 所示。

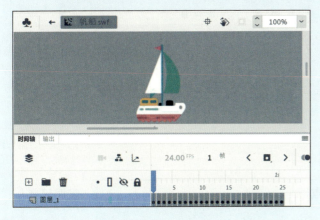

图 1.2.39　逐帧动画

图 1.2.40　补间形状动画

传统补间动画： 在时间轴上表现为浅紫色背景区域内一条从动画起始帧指向结束帧的箭头，可以记录元件实例的位置、大小、旋转、颜色等的属性变化，如图 1.2.41 所示。

补间动画： 在时间轴上表现为黄绿色背景区域，起始帧为黑色圆点关键帧，其他帧为黑色菱形关键点。类似于传统补间的新动画形式，在舞台上会显示运动路径，如图 1.2.42 所示。

图 1.2.41　传统补间动画

图 1.2.42　补间动画

引导动画： 在时间轴上至少由两个图层组成的，上面的图层是"引导层" ，下面缩进的图层是"被引导层" ，用于引导实例对象沿规定路径做传统补间运动，如图 1.2.43 所示。

遮罩动画： 在时间轴上至少由两个图层组成，上面的图层为"遮罩层" ，下面缩进的图层为"被遮罩层" ，用于制作图层的特殊效果或场景的过渡效果，如图 1.2.44 所示。

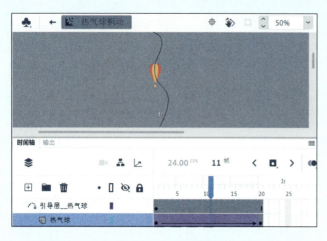

图 1.2.43 引导动画

图 1.2.44 遮罩动画

1.2.5 学习检测

知 识 要 点		掌握程度
知识获取	了解 Animate 支持的文件格式及导入方式	
	理解元件和实例、图层和帧的概念	
	熟悉图层的基本操作	
	掌握三种不同类型元件的创建和编辑方法	
	认识 Animate 中的动画类型	

	实训案例（图 1.2.45）	技能目标	掌握程度
技能掌握	图 1.2.45 二维动画课堂	任务 1 导入动画元素 ↳导入图片文件 ↳导入动画和音频 ↳导入外部库文件	
		任务 2 创建动画元件 ↳创建元件 ↳编辑元件	
		任务 3 制作并生成动画 ↳制作舞台 ↳制作动画	

说明："掌握程度"可分为三个等级："未掌握""基本掌握""完全掌握"，读者可分别使用"×""〇""√"来呈现记录结果，以便以后的巩固学习。

2.1 角色绘制

案例——细胞博士

2.1.1　案例分析

1. 案例设计

　　Animate 是基于矢量图形的动画编辑软件，它提供了丰富的绘图工具，使用这些工具可以轻松地绘制出各种动画角色和场景。

　　本案例是利用 Animate 中的基本绘图工具，为慢性病防治中心的科普短片——人体王国绘制一个卡通角色——细胞博士。细胞博士是百科全书般的细胞人，短片中的科普讲解员。本案例设计细胞博士的身体是一个蓝色细胞，头戴博士帽，手拿医学书。做好"关注慢性病防治，给健康多点时间"的公益宣传。

2. 学习目标

　　理解 Animate 的绘图原理，学会各种常用绘图工具的使用方法，掌握绘图工具属性的设置，学会绘制并调整图形，掌握对象的变形方法。

3. 策划导图

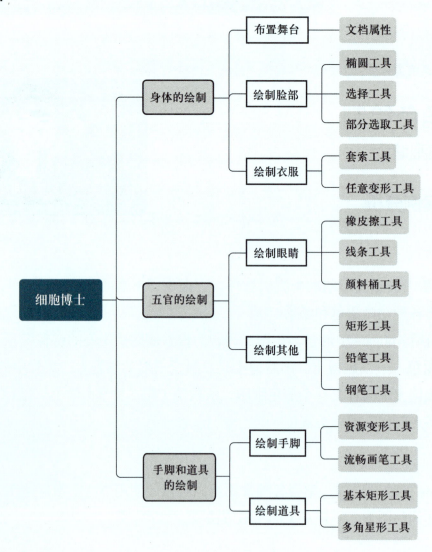

2.1.2　预备知识

1.“工具”面板

　　使用“工具”面板中的工具可以绘图、上色、选择和修改插图，并可以更改舞台的视图。如图 2.1.1 所示是具体工具名称及其快捷键，单击“工具”面板下方“编辑工具栏”按钮 ···，可以打开“拖放工具”面板，用拖动的方式添加、删除、组合或重新排列工具。

　　“工具”面板用间隔条分为以下 4 个部分：

　　① “工具”区域包含绘图、上色和选择工具。

　　② “查看”区域包含在应用程序窗口内进行缩放和平移的工具。

　　③ “颜色”区域包含用于笔触颜色和填充颜色的功能键。

　　④ “选项”区域包含用于当前所选工具的功能键。功能键影响工具的上色或编辑操作。

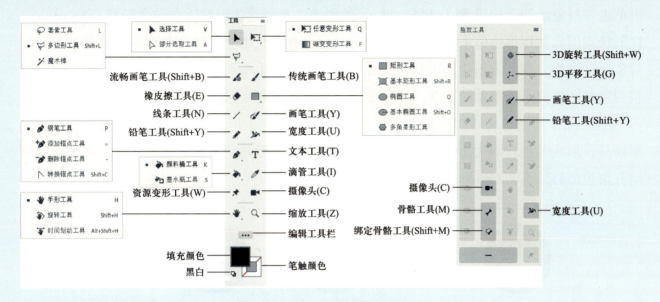

图 2.1.1　"工具"面板

2. 绘制模式和图形对象

在 Animate 中，可以使用不同的绘制模式和绘画工具创建不同种类的图形对象，用户可以对图形对象进行移动、复制、删除、变形、层叠、对齐和分组等操作。

（1）合并绘制模式

从"工具"面板中选择一种绘图工具在舞台上绘制形状时，默认情况下，Animate 使用合并绘制模式，重叠绘制的形状会自动进行合并。同一图层中多个形状互相重叠时，最顶层的形状会截去下面与其重叠的形状部分。此时当形状既包含笔触又包含填充时，这些元素会被视为可以进行独立选择和移动的单独的图形元素。

如图 2.1.2 所示，如果①组绘制一个圆形并在其上方叠加一个五角星形，形成②组，然后选择②组中的五角星形进行移动，则会删除③组中第一个圆形中与五角星形重叠的部分。

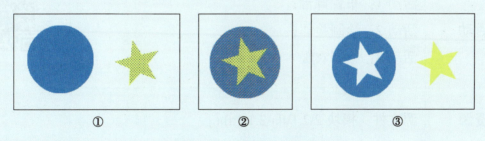

①　　　　　　　　　②　　　　　　　　　③

图 2.1.2　图形绘制模式

（2）对象绘制模式

选择一个支持"对象绘制"模式的绘画工具（"铅笔工具""线条工具""钢笔工具""刷子工具""椭圆工具""矩形工具"和"多边形工具"等），从"工具"面板的"选项"类别中单击"对象绘制"按钮 ▣（或按 J 键），使用该工具创建的形状为自包含形状，Animate 会在形状周围添加矩形边框来标识它。绘制对象是在叠加时不会自动合并在一起的单独的图形对象。这样在分离或重新排列形状的外观时，会使形状重叠而不会改变它们的外观。此时形状的笔触和填充不是单独的元素，并且重叠的形状也不会相互更改。

　　如图 2.1.3 所示，将①组中的五角星形叠放在圆形上，形成②组，再将②组中的五角星形移开，形成③组，因为①组中叠放在圆形上的五角星形是用对象绘制模式绘制的，所以移动五角星形后，不会对圆形产生任何影响。

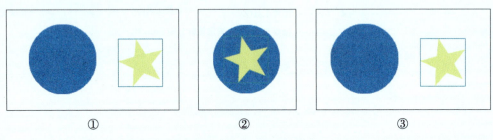

　①　　　　　　　　②　　　　　　　　③

图 2.1.3　对象绘制模式

2.1.3　案例实施

| **Flash** | **任务 1** | **身体的绘制** |

1. 任务导航

任务目标	● 学会使用"椭圆工具""选择工具""部分选取工具""套索工具""任意变形工具"等绘制形状； ● 掌握群组对象、图形顺序调整的方法	演示视频
任务活动	活动 1：布置舞台； 活动 2：绘制脸部； 活动 3：绘制衣服	
素材资源	源文件：模块 2\2.1\fla\2.1.1.fla	

2. 任务实施

活动1：布置舞台

STEP|01 启动 Animate，单击"文件→新建"命令，打开"新建文档"对话框。如图 2.1.4 所示，选择"角色动画"预设中的"高清 1280×720"选项，其他选项采用默认设置，创建一个新文档，文件保存为"细胞博士 .fla"。

图 2.1.4 新建文档"细胞博士 .fla"

STEP|02 在"属性"面板的"文档"选项卡中修改"舞台"背景颜色为"#666666"，帧频为 25 fp5，如图 2.1.5 所示。

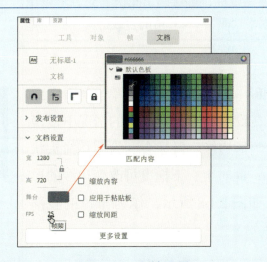

图 2.1.5 文档设置

活动2：绘制脸部

STEP|01 在"工具"面板中按住"矩形工具" 不放，在出现的工具组中选择"椭圆工具" ，如图 2.1.6 所示，在"属性"面板的"工具"选项卡中，单击"颜色和样式"选项组中的"填充颜色"的色块，在弹出的"默认色板"上方输入颜色值"#F7C9B2"；"笔触颜色"则设置为"无" ，即去除笔触颜色。

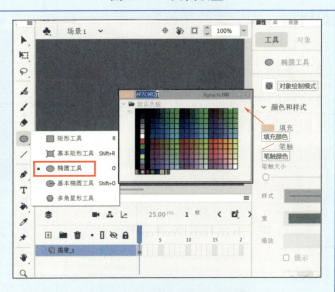

图 2.1.6 绘制正圆形—颜色

STEP|02 按住 Shift 键不放，在舞台上沿着对角线拖曳鼠标，绘制一个没有边框的皮肤色正圆形，如图 2.1.7 所示；用"选择工具" ▶ 选中该形状，在"属性"面板"对象"选项卡的"位置和大小"选项组中锁定宽高比例，调整正圆的宽、高值均为 200。

> **小提示：**
>
> 在 Animate 中运用"椭圆工具""矩形工具""直线工具"绘图时，按住 Shift 键拖曳鼠标，可绘制出正圆、正方形以及水平、垂直、45°角的直线等。

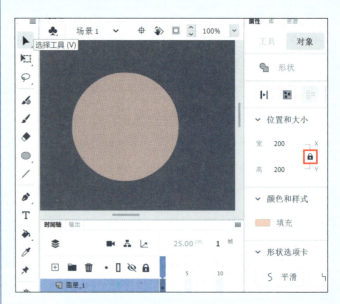

图 2.1.7 绘制正圆形—大小

STEP|03 用"选择工具"单击舞台空白处，在没有选中任何对象的情况下慢慢靠近圆形边缘，鼠标会变为调整箭头状态 ◣ ，此时上、下拖曳可改变边线的形状，如图 2.1.8 所示，作为角色的脸部形状。

图 2.1.8 调整圆形形状

STEP|04 选中绘制好的脸部形状，如图 2.1.9 所示，在"属性"面板的"对象"选项卡中单击"创建对象"按钮，将绘制的形状转换为图形对象，在该对象四周会出现矩形边框。

> **小提示：**
>
> 绘制形状时默认使用的是"合并绘制模式"，为了避免和后面绘制的形状自动合并，可以将其转换为图形对象，或者是在绘制形状之前选择"对象绘制模式"。

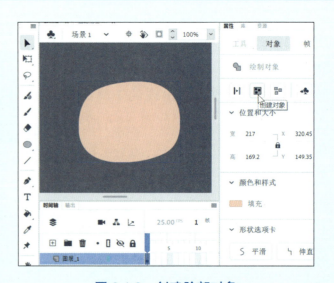

图 2.1.9 创建脸部对象

活动3：绘制衣服

STEP|01 再次选择"椭圆工具"，在"属性"面板的"工具"选项卡的"颜色和样式"选项组中设置"填充颜色"为蓝色（#00A9E4），"笔触颜色"为"无"，确认"对象绘制"按钮 ⬤ 没有按下。在脸部群组对象后绘制一个大椭圆作为角色身体衣服的基本形。然后，如图2.1.10所示，在"选择工具"工作组中选中"部分选取工具"，单击该椭圆边缘，会出现若干控制点，单击任意一个控制点会出现贝塞尔曲线控制手柄。

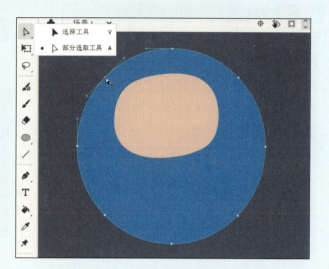

图2.1.10 绘制身体衣服基本形

STEP|02 任意选中椭圆边缘的控制点，拖动调整控制点处两端的贝塞尔曲线控制手柄，调整时还可以结合方向键（↑、↓、←、→）进行微调，如图2.1.11所示，调整好角色身体衣服的外形。

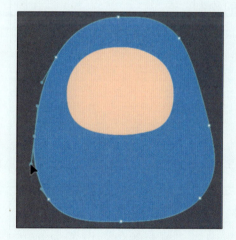

图2.1.11 调整身体衣服外形

STEP|03 选择"套索工具"工作组中的"多边形工具" ⬙，如图2.1.12所示，依次单击4个端点，选中角色衣服中间矩形部分，在"属性"面板的"对象"选项卡的"颜色和样式"选项组中将"填充颜色"修改为白色（#FFFFFF）。

小提示：

　　"多边形工具"的操作方法是在起始点处单击，然后移动鼠标出现线段，在结束点处单击。要闭合选区，双击最后的位置，Animate 将闭合选区轮廓并加亮显示选中的对象。

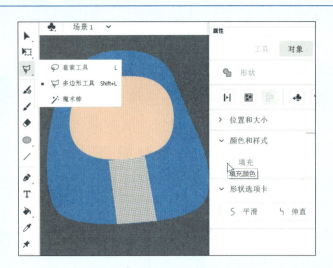

图 2.1.12　绘制白色区域

STEP|04　用"选择工具"单击舞台空白处，在没有选中任何对象的情况下慢慢靠近白色多边形的边缘，通过拖曳调整其边缘外形，如图 2.1.13 所示，完成白色衬衣的绘制。

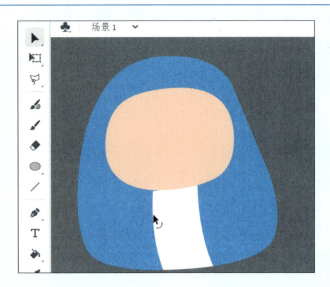

图 2.1.13　调整白色区域

STEP|05　选择"椭圆工具"，在"属性"面板中将"填充颜色"设置为红色（#FF0000），"笔触颜色"设置为"无"，按住 Shift 键在舞台空白处绘制一个圆形，如图 2.1.14 所示，选中该对象，按住 Alt 键不放，使用"选择工具"拖动对象，复制出两个同样的圆形。

图 2.1.14　复制圆形对象

STEP|06　① 选择"任意变形工具"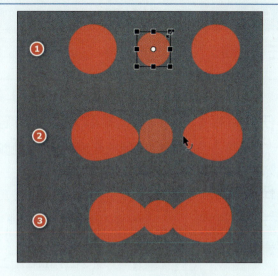
如图 2.1.15 所示，选中中间的小圆，按
住 Shift 键等比例缩放小圆作为蝴蝶结
的中心；② 使用"选择工具"在没有
选中任何对象的情况下依次靠近左、右
两边的红色小圆边缘，通过拖动将其形
状调整为蝴蝶结的两边样式；③ 摆放
好三个对象并框选，单击"修改→组
合"命令（快捷键 Ctrl+G），将它们组
合成一个蝴蝶结的图形。

图 2.1.15　绘制蝴蝶结

STEP|07　将组合后的蝴蝶结对象放置在
角色的白衬衣上，如图 2.1.16 所示，用
"任意变形工具" 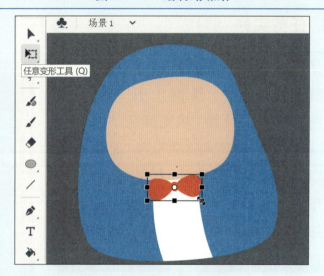 选中蝴蝶结对象，
适当向内或向外拖动右下角的手柄，调
整其大小，使之与衬衣相匹配。

图 2.1.16　调整蝴蝶结对象

STEP|08　选择"椭圆工具"，如图 2.1.17
所示，在"属性"面板中设置"填充颜
色"为深褐色（#957F66）、"笔触颜色"
为"无"，单击"对象绘制模式"按钮，
在白色衬衣上绘制两个小圆形作为纽
扣，完成角色衣服的绘制。

> **小提示：**
> 　　组合对象会自动处于图形对象的上
> 方，同图层如果有多个组合对象，可选
> 中对象通过 Ctrl+ ↑或↓快捷键调节上
> 下层次关系。

图 2.1.17　完成角色衣服的绘制

任务2　　五官的绘制

1. 任务导航

任务目标	● 学会使用"橡皮擦工具""线条工具""颜料桶工具""矩形工具""钢笔工具"等工具； ● 掌握填充颜色和笔触颜色的设置方法	演示视频
任务活动	活动1：绘制眼睛； 活动2：绘制其他	
素材资源	素材：模块 2\2.1\fla\2.1.1.fla 效果：模块 2\2.1\fla\2.1.2.fla	

2. 任务实施

活动1：绘制眼睛

STEP|01　　选择"椭圆工具"，在"属性"面板中设置"填充颜色"为白色（#FFFFFF）、"笔触颜色"为"无"，单击"对象绘制模式"按钮，如图 2.1.18 所示，按住 Shift 键，在角色脸上绘制一个宽、高均约为 60 像素的白色正圆形，作为眼白。

> **小提示：**
>
> "属性"面板一般会保留上次编辑的基本对象的值，此时选择了"对象绘制模式"，后面绘制图形时会自动保留此模式。

图 2.1.18　绘制眼白

STEP|02　　仍然使用"椭圆工具"，在"属性"面板中设置"填充颜色"为黑色（#000000），在眼白内绘制一个大小宽、高均约为 25 像素的黑色正圆形作为眼珠。然后选择"橡皮擦工具"◆，如图 2.1.19 所示，在"属性"面板的"橡皮擦选项"选项组中选择"橡皮擦模式"为"擦除所选填充"，"橡皮擦类型"为

圆形，大小设置为 5 像素，选中黑色眼珠，在其右下角单击，擦除出一点白色高光效果。

> **小提示：**
>
> "橡皮擦模式"包含以下 5 种类型：
>
> ① "标准擦除"：擦除同一图层的线条和填充。
>
> ② "擦除填色"：仅擦除填充区域，其他部分（如边框线）不受影响。
>
> ③ "擦除线条"：仅擦除图形的线条部分，不影响其填充部分。
>
> ④ "擦除所选填充"：仅擦除已经选择的填充部分，不影响其他未被选择的部分。
>
> ⑤ "内部擦除"：仅擦除连续的、不能分割的填充区域。

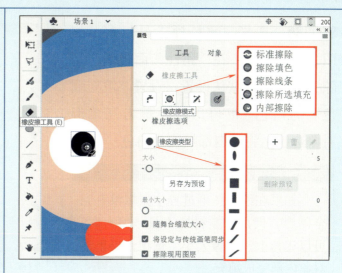

图 2.1.19　绘制眼珠

STEP|03 选择"线条工具" ╱，在"属性"面板中设置"笔触颜色"为白色（#FFFFFF）、"笔触大小"为 1 像素、"样式"为"实线"，如图 2.1.20 所示，在眼珠左上方绘制一个三角形，注意线条的首尾相叠形成一个闭合图形。

图 2.1.20　绘制三角形高光

STEP|04 由于绘制出的三条线段均为图形对象，按住 Shift 键，用"选择工具"依次单击三条线段将其同时选中，如图 2.1.21 所示，在"属性"面板中单击"创建对象"按钮，将三角形创建为一个图形对象。

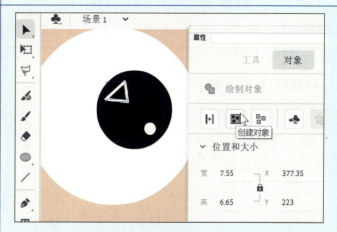

图 2.1.21　创建三角形高光对象

STEP|05 选择"颜料桶工具" 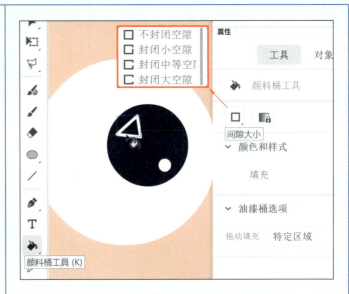，如图 2.1.22 所示，在"属性"面板中"间隙大小"采用默认设置，设置"填充颜色"为白色（#FFFFFF），单击三角形对象边缘、将其内部填充为白色。

> **小提示：**
>
> 　　如果在绘制图形过程中区域没有完全闭合，使用"颜料桶工具"填充时，可以先修改"间隙大小"选项，再单击对象内部完成填充。

图 2.1.22　填充三角形高光对象

STEP|06 使用"选择工具"靠近三角形的一条边，如图 2.1.23 所示，鼠标指针变为调整箭头 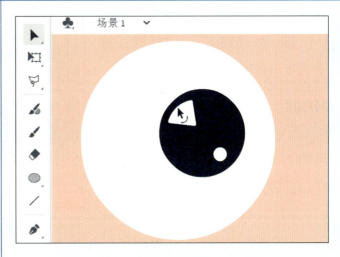 形状时拖动，修改直线为弧线，最后选中全部眼睛对象，单击"修改→组合"命令（快捷键 Ctrl+G）将其组合。按住 Alt 键拖动组合后的眼睛，复制出一对眼睛放置在角色的脸部。

图 2.1.23　修改三角形高光对象形状

活动 2：绘制其他

STEP|01 选择"矩形工具"，在"属性"面板中设置"填充颜色"为黑色（#000000）、"笔触颜色"为"无"，然后在角色左边眼睛的上方绘制一个长方形，如图 2.1.24 所示，使用"选择工具"将矩形调整为眉毛状。

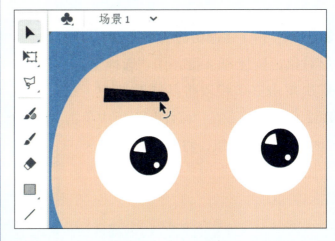

图 2.1.24　绘制眉毛

STEP|02 使用"选择工具",按住 Alt 键拖动眉毛复制到右边眼睛上,如图 2.1.25 所示,单击"修改→变形→水平翻转"命令,翻转眉毛并调整好眉毛的位置。

图 2.1.25　调整眉毛

STEP|03 在"属性"面板的"工具"选项卡中单击"编辑工具栏"按钮,选择"铅笔工具" ,如图 2.1.26 所示,在"属性"面板中设置"笔触颜色"为"#B7673C"、"笔触大小"为7像素,"铅笔模式"为"平滑" S,在角色眼睛下方,绘制嘴巴的形状。

> **小提示:**
>
> "铅笔模式"包含以下三种类型:
>
> "伸直":绘制的线条自动调整为平直(或圆弧形)路径。
>
> "平滑":绘制平滑曲线。
>
> "墨水":绘制不能修改的最接近手绘效果的线条。

图 2.1.26　绘制嘴巴

STEP|04 选择"钢笔工具" ,在"属性"面板中设置"笔触颜色"为黑色(#000000)、"笔触大小"为3像素,如图 2.1.27 所示,绘制一个闭合曲线,作为头发的轮廓。

> **小提示:**
>
> 使用"钢笔工具"绘画时,单击可以创建直线段上的点,而拖动可以创建曲线段上的点。可以通过调整线条上的点来调整直线段和曲线段。

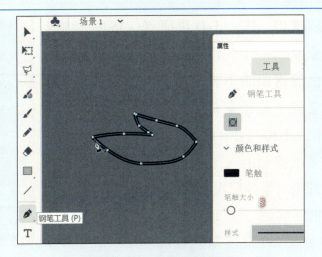

图 2.1.27　绘制头发轮廓

STEP|05 选择"颜料桶工具" ，在"属性"面板中设置"填充颜色"为黑色（#000000），单击头发轮廓线，填充为黑色，并拖动到角色头部，如图2.1.28所示。

图 2.1.28 完成头发的绘制

STEP|06 选择"椭圆工具"，单击"窗口→颜色"命令，如图2.1.29所示，打开"颜色"面板，设置"填充颜色"的"颜色类型"为"径向渐变"、"笔触颜色"为"无"，下方渐变条两端的颜色值分别设置为"F1A89C"和"F7C9B2"。完成设置后，在舞台上绘制合适大小的圆形。

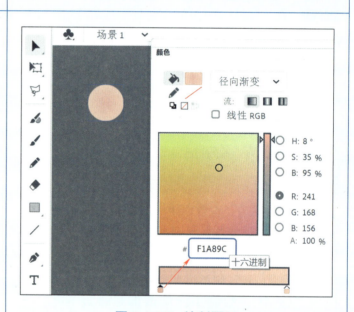

图 2.1.29 绘制腮红

STEP|07 按 Ctrl+D 快捷键，将圆形对象复制一个，作为一对腮红放置到角色脸部眼睛下方，由于后绘制的对象会置于先绘制对象的上方，所以，如图2.1.30所示，在选中腮红的状态下，多次按 Ctrl+↓ 快捷键调节腮红与脸部其他对象的层次关系，使腮红置于它们的下层。

图 2.1.30 复制并调整好腮红的位置

任务3 手脚和道具的绘制

1. 任务导航

任务目标	• 学会使用"资源变形工具""流畅画笔工具""基本矩形工具""多角星形工具"等工具; • 掌握对象的变形方法	演示视频
任务活动	活动1:绘制手脚; 活动2:绘制道具	
素材资源	素材:模块2\2.1\fla\2.1.2.fla 效果:模块2\2.1\fla\ 细胞博士 .fla	

2. 任务实施

活动1:绘制手脚

STEP|01 选择"属性"面板的"工具"选项卡中的"矩形工具",如图2.1.31所示,在"属性"面板中设置"填充颜色"为"#00A9E4"、"笔触颜色"为"无";然后在舞台上角色左侧绘制一个长矩形对象,作为手臂的雏形。

图2.1.31 绘制角色手臂

STEP|02 选择"资源变形工具" 📌,将鼠标悬停在手臂图形对象上时,鼠标指针变为 📌 形状时,单击即可添加变形手柄,资源变形手柄显示为小的实心圆形,如图2.1.32所示。

小提示:

可以使用尽可能多的手柄来有效地完成形状变形,也可以使用 Delete 键删除这些变形手柄。

图2.1.32 添加变形手柄

STEP|03 单击变形手柄，使其变为黑色实心圆形且鼠标指针变为 ▸ 形状时，拖动可改变对象的形状，此时为固定模式，变形时支持较小的手柄自由度；可按住 Alt 键并单击变形手柄，切换到开放模式，此时手柄显示为白色实心圆形，拖动时支持更大的手柄自由度。逐步调整手臂形状，如图 2.1.33 所示。

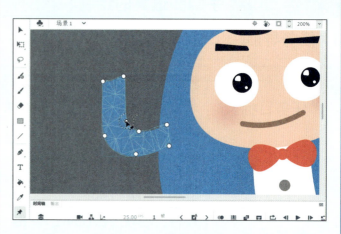

图 2.1.33　调整手臂形状

STEP|04 选中调整好的手臂，多次执行"修改→分离"命令（快捷键 Ctrl+B），直至将其分离为形状。如图 2.1.34 所示，选择"套索工具"工作组中的"多边形工具"，在手臂上部绘制袖口的形状，然后填充为白色。将绘制好白色袖口的手臂创建为一个图形对象。

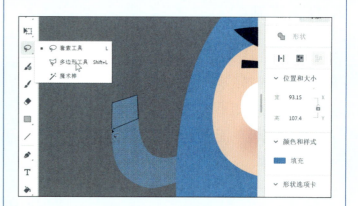

图 2.1.34　绘制袖口

STEP|05 选择"流畅画笔工具" ✐，如图 2.1.35 所示，在"属性"面板中设置"填充颜色"为"#F7C9B2"、"大小"为 10 像素，其他参数采用默认设置，在手臂上方绘制出手掌的形状。

图 2.1.35　绘制手掌

STEP|06   摆放好手掌和手臂的位置，并按 Ctrl+↑ 或 ↓ 快捷键调整图形对象之间的叠放层次。同样选择合适的工具，绘制出右边的手掌和手臂的图形对象，如图 2.1.36 所示，调整好层次关系摆放在身体的右侧。

图 2.1.36　完成手掌和手臂的绘制

STEP|07   选择"钢笔工具"，在"属性"面板中设置"笔触颜色"为"#00A9E4"，其他选项采用默认设置，如图 2.1.37 所示，在身体左下方绘制角色脚部轮廓线。

图 2.1.37　绘制角色脚部轮廓线

STEP|08   选择"颜料桶工具"，在"属性"面板中设置"填充颜色"为"#00A9E4"，填充刚才绘制的角色脚部，如图 2.1.38 所示，将左边的脚复制粘贴摆放到右边，然后单击"修改→变形→水平翻转"命令，将其水平翻转，再使用"任意变形工具"选中该对象，拖动旋转并倾斜对象，最后按 Ctrl+↓ 快捷键将脚部置于角色身体的下层。

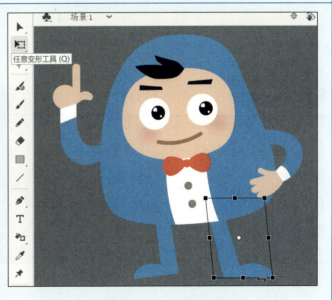

图 2.1.38　调整右脚

活动2：绘制道具

STEP|01 绘制书本。选择矩形工具组中的"基本矩形工具"▱，在舞台空白处任意绘制一个小矩形图形对象，如图2.1.39所示，在"属性"面板中设置"填充颜色"为黑色（#000000）、"笔触颜色"为"无"、"矩形边角半径"为10像素，使之变为圆角矩形。

图2.1.39　绘制圆角矩形

STEP|02 选择"矩形工具"▭，在"属性"面板中设置"填充颜色"为"#C0A062"、"笔触颜色"为"无"、"矩形边角半径"为0像素，在刚才黑色圆角矩形上绘制一个窄一些的矩形对象，完成书本的绘制。然后选中两个矩形，按Ctrl+G快捷键群组并移动到角色右手边，按Ctrl+↓键将书本移到手臂的下层，如图2.1.40所示。

图2.1.40　完成书本的绘制

STEP|03 绘制博士帽。选择"矩形工具"，在"属性"面板中设置"填充颜色"为灰色"#848585"、"笔触颜色"为"无"，在角色头顶上方绘制一个灰色矩形作为博士帽的基本形状，然后使用"选择工具"▨改变矩形的外形，如图2.1.41所示。

图2.1.41　绘制博士帽基本形

STEP|04 选中刚绘制好的图形对象，按 Ctrl+D 快捷键复制一个，在"属性"面板中将"填充颜色"设置为黑色"#000000"，用"任意变形工具"适当拖动角部手柄，等比例缩小图形对象，将它叠放在灰色矩形的中间位置。再绘制一个黑色大长方形，用"选择工具"微调矩形的外形后，用"任意变形工具"选中该图形，适当旋转，按 Ctrl+↑或↓快捷键调整三个图形对象之间的叠放层次，如图 2.1.42 所示。

图 2.1.42 合成博士帽

STEP|05 用"矩形工具"绘制两个黑色小长方形，放在帽角旁作为装饰，最后框选绘制好的所有组成帽子图形的对象，按 Ctrl+G 快捷键组合为一个整体；将角色的身体部分也转换为对象，如图 2.1.43 所示，按 Ctrl+↑或↓快捷键调整图形对象之间的叠放层次。

图 2.1.43 调整角色各部分图形对象的叠放层次

STEP|06 绘制胸前装饰。选择"矩形工具"工具组中的"多角星形工具"⬡，在"属性"面板中设置"填充颜色"为黄色（#FFFF00）、"笔触颜色"为"无"，如图 2.1.44 所示，设置"工具选项"的"样式"为"星形"，"边数"为5、"星形顶点大小"为 0.5 像素，在角色胸前拖动绘制一枚五角星。

图 2.1.44 绘制五角星

STEP|07 绘制角色脚下的阴影。选择"椭圆工具"，在"属性"面板中设置"填充颜色"为黑色（#000000）、"笔触颜色"为"无"，在舞台上绘制一个黑色椭圆作为阴影并移动到角色脚部的下层，如图2.1.45所示，完成整个角色的绘制。

图2.1.45　完成整个角色的绘制

2.1.4　知识链接

1. "矩形工具"和"椭圆工具"

使用"矩形工具"和"椭圆工具"可以创建基本几何形状。除了"合并绘制模式"和"对象绘制模式"以外，"矩形工具"和"椭圆工具"还提供了"图元对象绘制模式"。

（1）"矩形工具"和"基本矩形工具"

选择"矩形工具" ▨，如图2.1.46所示，在"属性"面板中设置"填充颜色""笔触颜色""笔触大小"以及"样式""端点"等选项，还可以在"矩形选项"选项组中分别设置矩形各个角的半径，以绘制圆角矩形；然后在舞台上斜向拖曳鼠标，即可绘制矩形，在拖动时按住↑或↓键也可以调整圆角半径。

按住"矩形工具"不放，在出现的工具组中选择"基本矩形工具" ▢，Animate会将形状作为单独的"图元对象"来绘制，这与"对象绘制模式"创建的形状不同，用户可以在图形对象绘制完毕后再在"属性"面板中编辑调整矩形的角半径。

（2）"椭圆工具"和"基本椭圆工具"

选择"椭圆工具" ◯，如图2.1.47所示，在"属性"面板中设置"填充颜色""笔触颜色""笔触大小"以及"样式""端点"等选项，还可以在"椭圆选项"选项组中设置起始角度和内径；然后在舞台拖动鼠标绘制椭圆。

在工具组中选择"基本椭圆工具" ◉，与"基本矩形工具"类似，可以在图形对象绘制完毕后，在"属性"面板中将椭圆转换为扇形、圆环等复合形状。

图 2.1.46　"矩形工具"属性

图 2.1.47　"椭圆工具"属性

　　若要在矩形或椭圆绘制前就指定一个特定大小，可以先选择"矩形工具"或"椭圆工具"，按住 Alt 键并单击舞台，会出现"矩形设置"或"椭圆设置"对话框，如图 2.1.48 所示，对于矩形，可以指定宽度和高度（以像素为单位）、边角半径，以及是否从中心绘制矩形。对于椭圆，可以指定宽度和高度（以像素为单位），以及是否从中心绘制椭圆。

图 2.1.48　"矩形设置"和"椭圆设置"对话框

2. 钢笔工具

　　使用"钢笔工具" ✎ 可以绘制精确的路径（如直线或平滑流畅的曲线）。

（1）绘制直线

使用"钢笔工具"在舞台上单击定义第一个锚点；在结束点再次单击产生第二个锚点，它会自动和前一个锚点直线连接；在绘制的同时，如果按住 Shift 键，则线段约束为 45° 的倍数，如图 2.1.49 所示。

①　　　　②　　　　③

（2）绘制曲线

图 2.1.49　使用"钢笔工具"绘制直线

在舞台上先用"钢笔工具"单击作为曲线的起点，然后在其他位置上单击后拖动，这时会出现一个曲线的切线手柄；转动手柄的方向，可以改变曲线的弧度；拖动锚点，可以移动锚点的位置，之后还可以绘制其他曲线，如图 2.1.50 所示。

①　　　　　　　　②　　　　　　　　③

图 2.1.50　使用"钢笔工具"绘制曲线

要结束图形绘制，可以在终点处双击鼠标、用鼠标右键单击场景空白区域或者按住 Ctrl 键并单击鼠标，此时的图形为不封闭曲线。如果将"钢笔工具"移至曲线起点，则指针变成 🖋。状态时单击鼠标，即首尾相连形成一个闭合曲线，并填充默认的颜色。

在"钢笔工具组"中有几个辅助工具，参见表 2.1.1。

表 2.1.1　常用"钢笔工具"指针状态

名　称	功　　能
初始锚点指针 🖋x	选中"钢笔工具"后看到的第一个指针标志，它是新路径的开始
连续锚点指针 🖋	此指针标志表明当前锚点不是起点，单击时将创建一个新锚点
闭合路径指针 🖋。	绘制曲线时，将光标移至曲线起点处，出现此指针标志时再单击，即可连成一个封闭曲线，并填充默认的颜色
添加锚点指针 🖋+	将光标移至需要添加锚点处，出现此指针标志时再单击，即可添加一个锚点
删除锚点指针 🖋-	将光标移至需要删除的锚点处，出现此指针标志时再单击，即可删除锚点
转换锚点指针 ⊾	当光标变为此指针标志时，移至曲线锚点上并单击，该锚点两边的曲线将转换为直线

3. 任意变形工具

使用"任意变形工具" ⬛ 或"修改→变形"子菜单中的命令，可以对图形对象以及组、文本块和实例进行变形，不能对元件、位图、视频对象、声音、渐变或文本进行变形。若要对文本块进行变形，首先要将字符转换成形状对象。根据所选元素的类型，可以变形、旋转、倾斜、缩放或扭曲该元素。

变形点：如图 2.1.51 所示，在变形期间，所选元素的中心会出现一个变形点，变形点最初与对象的中心点重合，变形点可以移动。

图 2.1.51　任意变形工具

变形手柄：在涉及拖动的变形操作期间会显示一个变形框。该变形框是一个矩形（除非用"扭曲"命令或"封套"功能键修改过），矩形的边缘最初与舞台的边缘平行。变形手柄位于每个角和每个边的中点。在拖动时，变形框可以预览变形。

在舞台上选中需要变形的对象后使用"任意变形工具"的操作方法如下：

● 移动所选内容：将指针放在边框内的对象上，然后将该对象拖动到新位置。注意不要拖动变形点。

● 设置旋转或缩放的中心：将变形点拖到新位置。

● 旋转所选内容：将指针放在角手柄的外侧，然后拖动。所选内容即可围绕变形点旋转。按住 Shift 键并拖动可以 45° 为增量进行旋转。

● 围绕对角旋转：按住 Alt 键的同时拖动。

● 缩放所选内容：沿对角方向拖动角手柄可以沿着两个方向缩放尺寸。按住 Shift 键的同时拖动可以等比例调整大小。

● 水平或垂直拖动角手柄或边手柄可以沿各自的方向进行缩放。

- 倾斜所选内容：将指针放在变形手柄之间的轮廓上，然后拖动。
- 扭曲形状：按住 Ctrl 键的同时拖动角手柄或边手柄。
- 锥化对象：将所选的角及其相邻角从它们的原始位置一起移动相同的距离，同时按住 Shift 和 Ctrl 键，并单击和拖动角手柄。

4. 资源变形工具

Animate 2021 中引入了一个新的"资源变形工具" ✦ ，使用该工具可以在 Animate 中的形状、绘制对象和位图上创建变形手柄。通过使用"资源变形工具"拖动变形手柄，可以使形状、绘制对象和位图变形。

使用"资源变形工具"的操作方法如下：

① 选中舞台上的形状或位图图像，单击工具栏中的"资源变形工具"。

② 将鼠标悬停在形状或绘制对象上时，鼠标指针变为 ✦ 形状时，单击即可添加变形手柄，资源变形手柄显示为小的实心圆。

③ 可以用"资源变形工具"拖动手柄，根据需要使形状变形，如图 2.1.52 所示。

图 2.1.52　用"资源变形工具"拖动手柄

与变形手柄关联的模式有两种，按住 Alt 键的同时单击变形手柄可以在两种模式之间切换。

① 开放模式：此模式在变形时支持更大的手柄自由度，手柄显示为白色实心圆。

② 固定模式：此模式在变形时支持较小的手柄自由度，手柄显示为黑色实心圆。

2.1.5　学习检测

	知识要点		掌握程度
知识获取	理解 Animation 的绘图原理		
	学会各种绘图工具的使用方法		
	掌握绘图工具属性的设置		
	学会绘制并调整图形		
	掌握对象的变形方法		
	实训案例（图 2.1.53）	技能目标	掌握程度
技能掌握	 图 2.1.53　细胞大队长	任务 1　身体的绘制 ↘ 绘制头部 ↘ 绘制衣服	
		任务 2　五官的绘制 ↘ 绘制眉毛和眼睛 ↘ 绘制腮红和嘴	
		任务 3　手脚和道具的绘制 ↘ 绘制手脚 ↘ 绘制道具	

说明："掌握程度"可分为三个等级："未掌握""基本掌握""完全掌握"，读者可分别使用"×""○""√"来呈现记录结果，以便以后的巩固学习。

2.2 场景绘制

案例——心脏工厂

2.2.1 案例分析

1. 案例设计

动画中的场景是依据故事情节的要求而绘制，设定整体美术风格，为每一个镜头中的角色提供表演、活动的特定环境。

本案例是利用 Animate 中的基本绘图工具，结合导入的外部位图，为慢性病防治中心的科普短片——《人体王国》，绘制一个心脏工厂的场景，场景中包括心脏模型、输送管道、造血工厂厂房、蔬菜森林以及有"心脏工厂"字样的横幅等。做好"关注慢性病防治，给健康多点时间"的公益宣传。

2. 学习目标

能熟练运用 Animate 中的基本绘图工具绘制图形，会将位图转换为矢量图，会将线条转换为填充；理解组合与分离的原理，掌握宽度工具、画笔库和文本工具的操作方法。

3. 策划导图

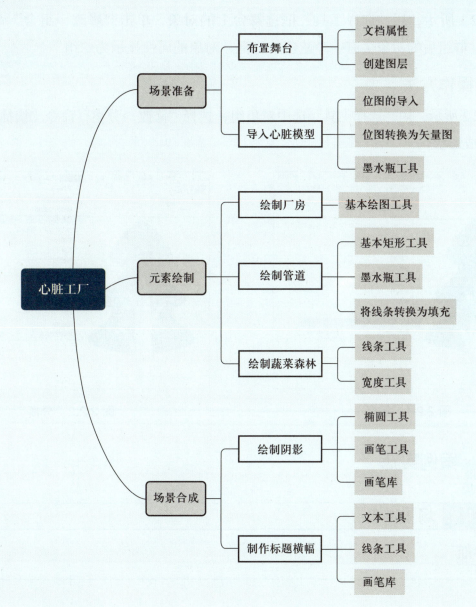

心脏工厂

- 场景准备
  - 布置舞台
    - 文档属性
    - 创建图层
  - 导入心脏模型
    - 位图的导入
    - 位图转换为矢量图
    - 墨水瓶工具
- 元素绘制
  - 绘制厂房
    - 基本绘图工具
  - 绘制管道
    - 基本矩形工具
    - 墨水瓶工具
    - 将线条转换为填充
  - 绘制蔬菜森林
    - 线条工具
    - 宽度工具
- 场景合成
  - 绘制阴影
    - 椭圆工具
    - 画笔工具
    - 画笔库
  - 制作标题横幅
    - 文本工具
    - 线条工具
    - 画笔库

2.2.2　预备知识

1. 组合与分离的原理

　　在 Animate 中，当两个相同颜色的形状相接触时，会自动融合；当两个不同颜色的形状相接触时，会互相剪切。所以每绘制好一个物体，最好将物体进行群组，这样除了避免和其他形状相互干扰以外，还方便前后位置的调节。注意，新群组的对象会处于最前面的位置，如要调节同一图层对象的上、下层次关系，可先选中对象，通过按 Ctrl+↑快捷键向上调节或者按 Ctrl+↓快捷键向下调节。需要还原为形状的时候，可以将对象分离。

2. 组合的操作方法

如图 2.2.1 所示，用"选择工具"框选舞台上的对象，单击"修改→组合"命令（快捷键 Ctrl+G），群组后的对象会有一个蓝色的边框，对象的属性显示为"组"。

3. 分离的操作方法

如图 2.2.2 所示，用"选择工具"选中对象组，选择"修改→分离"命令（快捷键 Ctrl+B），对象被分离成形状。

图 2.2.1　组合

图 2.2.2　分离

2.2.3　案例实施

| Flash 任务 1 | 场景准备 |

1. 任务导航

任务目标	• 学会使用"墨水瓶工具"。 • 掌握位图转换为矢量图的方法	演示视频
任务活动	活动1：布置舞台； 活动2：导入心脏模型	
素材资源	源文件：单元 2\2.2\fla\2.2.1.fla	

2. 任务实施

活动 1：布置舞台

STEP|01 启动 Animate，单击"文件→新建"命令，打开"新建文档"对话框，如图 2.2.3 所示，选择"角色动画"预设中的"高清"选项，调整"帧速率"为 25.00 fps，单击"创建"按钮，创建一个新文档，保存文件名为"心脏工厂 .fla"。

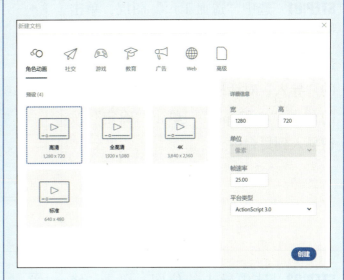

图 2.2.3 设置文档属性

STEP|02 在"属性"面板的"文档"选项卡中的"文档设置"选项组中，修改"舞台"背景颜色为"#FFFFCC"，如图 2.2.4 所示。

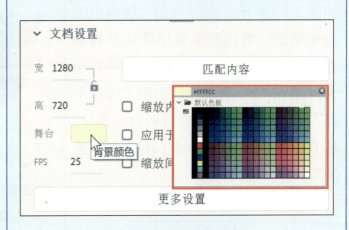

图 2.2.4 调整舞台颜色

STEP|03 在"时间轴"面板中重命名"图层_1"为"阴影"，如图 2.2.5 所示，再单击"新建图层"按钮 ⊞，从上至下分别创建"造血工厂""蔬菜森林"和"文字"图层。

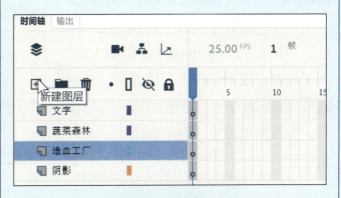

图 2.2.5 新建图层

活动 2：导入心脏模型

STEP|01 选中"造血工厂"图层，单击"文件→导入→导入到舞台"命令（快捷键 Ctrl+R），如图 2.2.6 所示，在弹出的"导入"对话框中选择素材文件夹中的位图"心脏 .png"，单击"确定"按钮导入到舞台中。

图 2.2.6　导入位图到舞台

STEP|02 选中导入的位图，单击"修改→位图→转换位图为矢量图"命令，如图 2.2.7 所示，在打开的"转换位图为矢量图"对话框中采用默认参数设置，单击"确定"按钮，将此位图转换为可编辑的矢量图。再使用"选择工具" ▶ 选中心脏图形背景的白底部分，按 Delete 键删除白底，只保留矢量心脏图形。

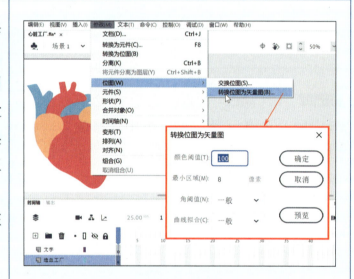

图 2.2.7　将导入的位图转换为矢量图

STEP|03 选择"墨水瓶工具"，如图 2.2.8 所示，在"属性"面板中设置"笔触颜色"为橘黄色（#FDB460）、"笔触大小"为 3 像素，笔触"样式"设置为"点划线"，沿着舞台上的心脏图形外边框单击，为该图形添加一圈轮廓线。

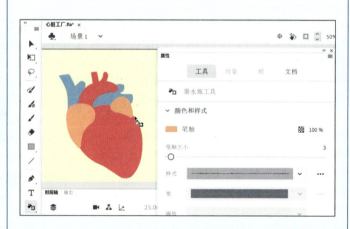

图 2.2.8　为图形添加轮廓线

STEP|04　框选加了轮廓线的心脏图形，如图 2.2.9 所示，在"属性"面板的"对象"选项卡中单击"创建对象"按钮，将其转换为图形对象，并锁定其宽高比，调整宽度为 250 像素，使其等比例缩小。

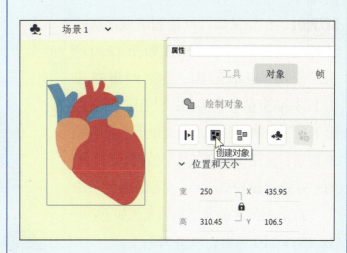

图 2.2.9　创建心脏对象

任务 2　元素绘制

1. 任务导航

任务目标	• 巩固基本绘图工具的使用； • 学会使用"宽度工具"； • 掌握将线条转换为填充的方法
任务活动	活动 1：绘制厂房； 活动 2：绘制管道； 活动 3：绘制蔬菜森林
素材资源	素材：单元 2\2.2\fla\2.2.1.fla 源文件：单元 2\2.2\fla\2.2.2.fla

演示视频

2. 任务实施

活动1：绘制厂房

STEP|01 在场景舞台外绘制组成厂房的各种规则图形对象元素，如图2.2.10所示，使用"矩形工具"绘制图形对象①②③④⑤⑥⑦⑧⑩⑬；使用"基本矩形工具"绘制⑨和⑫，设置矩形边角半径50像素；使用"椭圆工具"绘制⑪，均使用"对象绘制模式"，且"笔触颜色"均为"无"，各元素的大小和填充色如下：

① 280×110 像素，#F3F3F3。

② 280×90 像素，#B3B1B0。

③ 280×15 像素，#FFFFFF。

④ 50×15 像素，#3C3D3D。

⑤ 150×6 像素，#FFFFFF。

⑥ 50×45 像素，#7E7D7C。

⑦ 40×30 像素，#3C3D3D。

⑧ 40×5 像素，#646464。

⑨ 60×160 像素，#6682C1。

⑩ 30×100 像素，#4C63A6。

⑪ 5×5 像素，#DCDDDD。

⑫ 10×15 像素，线性渐变 #9FA0A0 ~ #231916。

⑬ 100×45 像素，#E2E0E0，Alpha值45%。

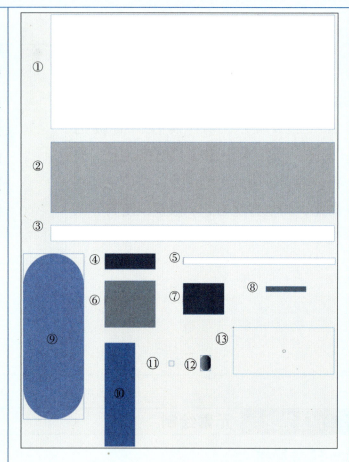

图 2.2.10　绘制厂房组成元素

STEP|02 先组合图形对象③和④，如图2.2.11所示，然后单击"窗口→对齐"命令（快捷键Ctrl+K），打开"对齐"面板，第一步，将图形对象③与④顶对齐和左对齐；第二步，将图形对象④复制4个，将其中一个与图形对象③顶对齐和右对齐；最后，选中图形对象④所有副本，将它们顶对齐且水平居中分布。

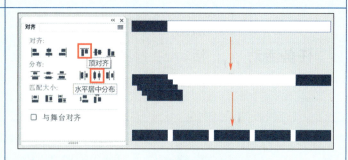

图 2.2.11　组合对象③和④

STEP|03　用同样的方法，先分别组合图形对象⑦与⑧、⑨与⑩、⑪与⑫；再分别框选组合对象，单击"修改→组合"命令（快捷键 Ctrl+G），如图 2.2.12 所示将其组合成一个整体；部分组合对象再复制一份。

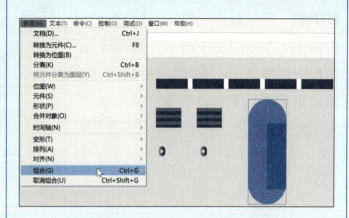

图 2.2.12　组合"厂房"对象

STEP|04　将厂房各个元素拖入舞台中，如图 2.2.13 所示，结合 Ctrl+↑或↓快捷键调节图形或组合对象的上、下层次关系，组合成造血工厂厂房。

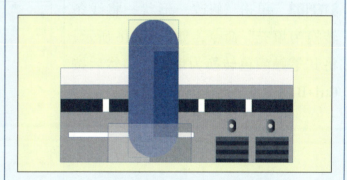

图 2.2.13　造血工厂厂房

活动 2：绘制管道

STEP|01　选择"基本矩形工具"▭，如图 2.2.14 所示，在"属性"面板的"工具"选项卡中设置"填充"为"无"、"笔触颜色"为"#B8C0CC"、"笔触大小"为40 像素，其他选项采用默认设置，在舞台上绘制一个圆角矩形。

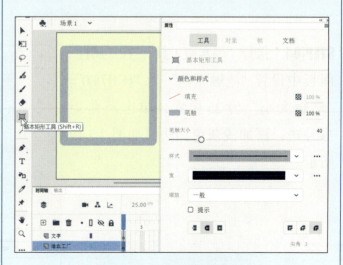

图 2.2.14　绘制圆角矩形

STEP|02 用"选择工具"选中绘制的圆角矩形，如图 2.2.15 所示，在"属性"面板中调整其宽、高均为 450 像素，并拖动矩形的任意节点调整"圆角半径"为 120 像素。

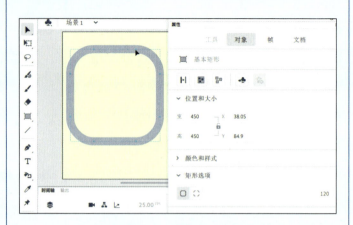

图 2.2.15　调整圆角矩形

STEP|03 单击"修改→形状→将线条转换为填充"命令，如图 2.2.16 所示，将其笔触颜色转换为填充色，然后按 Ctrl+B 快捷键分离该图形对象。

图 2.2.16　分离图形对象

STEP|04 选择"墨水瓶工具"，在"属性"面板中设置"笔触颜色"为"#E1E0E0"、"笔触大小"为 25 像素，单击圆角矩形外边，添加浅灰色描边，如图 2.2.17 所示。

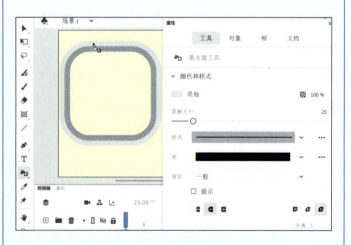

图 2.2.17　描边图形

STEP|05　使用"选择工具"框选图形的下半部分，按 Delete 键将其删除；如图 2.2.18 所示，通过双击选中管道图形的外边框，单击"属性"面板中的"平头端点"按钮 ▇，将该线条的端点变成平头状态，完成管道的绘制。

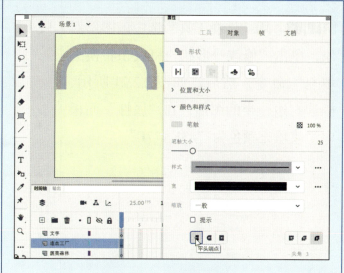

图 2.2.18　调整线条端点

活动 3：绘制蔬菜森林

STEP|01　在"时间轴"面板中选中"蔬菜森林"图层，选择"线条工具"，如图 2.2.19 所示，在"属性"面板中设置"笔触颜色"为绿色（#65CAA2）、"笔触大小"为 40 像素，在舞台上绘制一条直线。

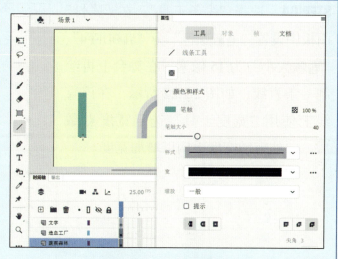

图 2.2.19　绘制直线

STEP|02　在"属性"面板的"工具"选项卡中单击"编辑工具栏"按钮，展开"拖放工具"面板，拖出其中的"宽度工具" ▇（快捷键 U）到"工具"选项卡中，关闭"拖放工具"面板。选择"宽度工具"后，将鼠标悬停在线条上，会显示宽度点数和宽度手柄，如图 2.2.20 所示，从上到下分别在不同的位置向内或向外拖动宽度手柄，编辑直线为蔬菜树木的外形。

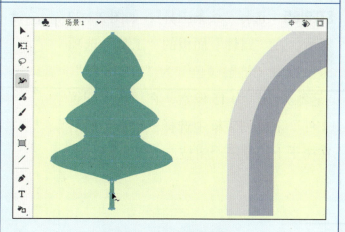

图 2.2.20　编辑直线

STEP|03　用"选择工具"选中该图形对象，单击"修改→形状→将线条转换为填充"命令，然后，如图 2.2.21 所示，框选右边一半的图形，在"属性"面板中修改填充颜色为"#3EA77E"。

图 2.2.21　调整图形颜色

STEP|04　选择"线条工具"，在"属性"面板中设置"笔触颜色"为"#D0DFF4"、"笔触大小"为 15 像素，在舞台上再绘制一条直线，如图 2.2.22 所示，在该直线上使用"宽度工具"选定宽度点数后，向外拖动宽度手柄以增加宽度。

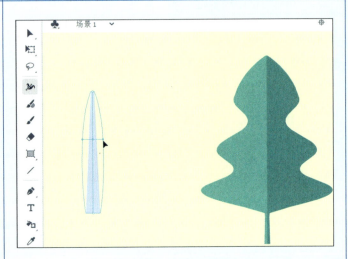

图 2.2.22　绘制树干

STEP|05　选择"线条工具"，如图 2.2.23 所示，在"属性"面板的"工具"选项卡中设置"笔触颜色"为"#D0DFF4"、"笔触大小"为 15 像素，在"宽度配置文件"下拉列表框中选择三角形，然后在树干上绘制三个树枝。

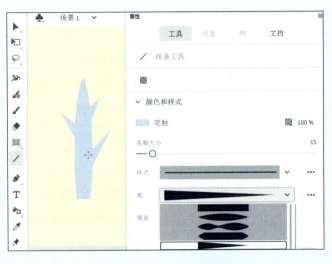

图 2.2.23　绘制树枝

STEP|06　同样将绘制好的树干图形，线条转换为填充，框选左边一半图形，将填充颜色修改为"#FFFFFF"。如图 2.2.24 所示，将树干放置在蔬菜树木外形上，框选两个图形对象，按 Ctlr+G 快捷键组合成一棵蔬菜树木，按 Ctrl+D 快捷键复制出另外一棵，作为蔬菜森林。

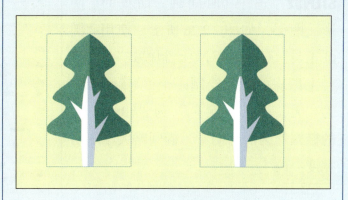

图 2.2.24　组合并复制对象

任务3　场景合成

1. 任务导航

任务目标	• 学会使用"文本工具"； • 掌握画笔库的运用方法	演示视频
任务活动	活动 1：绘制阴影； 活动 2：制作标题横幅	
素材资源	素材：单元 2\2.2\fla\2.2.2.fla 效果：单元 2\2.2\fla\ 心脏工厂 .fla	

2. 任务实施

活动 1：绘制阴影

STEP|01　将之前绘制好的工厂元素，如图 2.2.25 所示，结合 Ctrl+ ↑ 或 ↓ 键调节图形或组合对象的上、下层次关系，组合到舞台的中央位置。

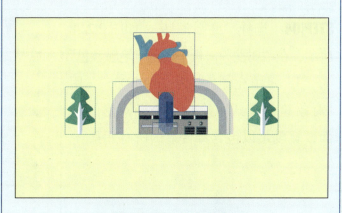

图 2.2.25　组合元素

STEP|02 选中"时间轴"面板的"阴影"图层，如图2.2.26所示，使用"椭圆工具"，采用"对象绘制模式"，在舞台上厂房的下方绘制一个"笔触颜色"为"无"、"填充颜色"为"#B8C0CC"的椭圆作为厂房阴影，椭圆略大于厂房宽度。

图 2.2.26 绘制厂房阴影

STEP|03 从"拖放工具"面板中将"画笔工具" ✏ （快捷键Y）拖到"工具"选项卡中。选择"画笔工具"，在"属性"面板中设置"画笔模式"为平滑、"笔触颜色"为深灰色"#666666"、"笔触大小"为20像素，"画笔选项"为平滑、50，如图2.2.27所示，选择"样式选项"中的"画笔库"，打开"画笔库"对话框，双击"Vector Pack → hand drawn brush vector pack 04"样式，将其添加到笔触样式中；然后用"画笔工具"沿着厂房底部绘制一条曲线，作为倒影效果。

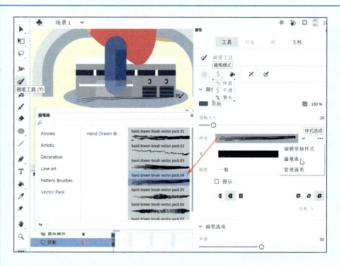

图 2.2.27 绘制倒影

STEP|04 选择"椭圆工具"，如图2.2.28所示，在"属性"面板中设置"笔触颜色"为"无"、"填充颜色"为"#F9BD55"，用"对象绘制模式"绘制一个椭圆形的地面，宽度足以包含舞台上的所有元素。

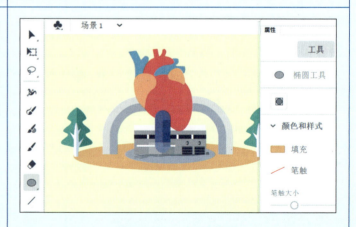

图 2.2.28 绘制地面

活动 2：制作标题横幅

STEP|01　选中"时间轴"面板中的"文字"图层，选择"文本工具"**T**（快捷键 T），如图 2.2.29 所示，在"属性"面板中，实例行为采用默认的"静态文本"，文本方向为"水平"，"字符"为"黑体"，"大小"为 30 pt，"填充颜色"为黑色（#000000），在舞台中间地面下方的位置输入"心脏工厂"。

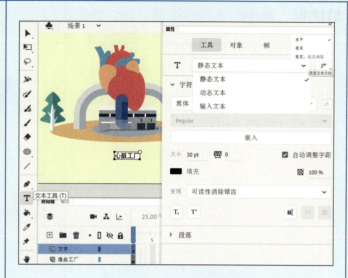

图 2.2.29　输入标题文字

STEP|02　选中标题文本，在"属性"面板的"对象"选项卡中单击"滤镜"选项组的"添加滤镜"按钮，如图 2.2.30 所示，在弹出的菜单中选择"渐变发光"滤镜，采用该滤镜的默认参数设置，为标题文本滤镜效果。

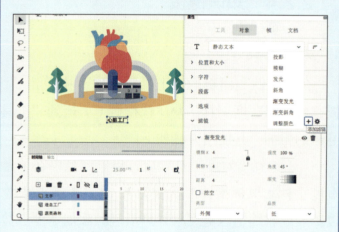

图 2.2.30　文本添加滤镜

STEP|03　选择"线条工具"，如图 2.2.31 所示，在"属性"面板的"工具"选项卡中设置"笔触大小"为 50 像素，单击"样式"选项组的"样式选项"按钮，选择"画笔库"选项，打开"画笔库"面板，双击"Decorative → Banners and Seals → Banners2"样式，将其添加到笔触样式中，然后在舞台上水平拖曳，绘制一个横幅。

图 2.2.31　绘制横幅

STEP|04 选中绘制好的横幅对象，如图2.2.32所示，设置其宽度为250像素，并按Ctrl+↓快捷键将该图形对象调整到标题文字的下层，按Ctrl+S快捷键保存文档，并按Ctrl+Enter快捷键预览绘制完成后的"心脏工厂"场景效果。

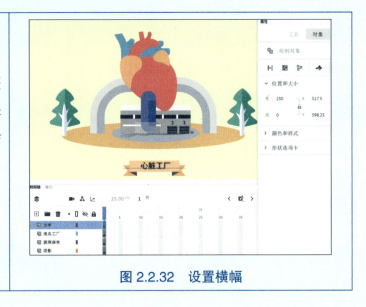

图2.2.32　设置横幅

2.2.4　知识链接

1. 宽度工具

在"属性"面板的"工具"选项卡中单击"编辑工具栏"按钮，打开"拖放工具"面板，可将"宽度工具" （快捷键U）拖到"工具"选项卡中。可利用"宽度工具"来修饰笔触的粗细，其使用方法如下。

（1）选择"宽度工具"后，将鼠标悬停在笔触上，如图2.2.33所示，会显示宽度点数和宽度手柄。鼠标指针形状变为 时，表示"宽度工具"处于活动状态，可向外或向内拖动以扩展或收缩笔触宽度，并可沿笔触添加宽度点数。

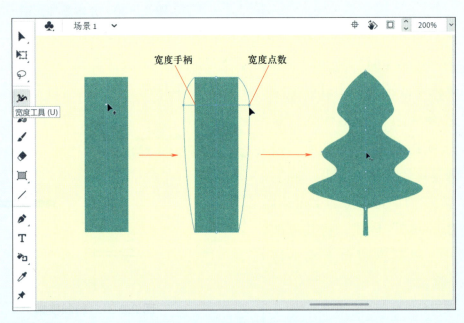

图2.2.33　"宽度工具"的使用

（2）当鼠标移动到已有的宽度点数上 ↖，可沿笔触向上、下移动该点数位置；而按住 Alt 键并沿笔触拖动宽度点数，即可复制选中的宽度点数；按 Delete 键可以删除该宽度点数。

（3）按住 Shift 键可同时选择多个宽度点数，同时调整笔触粗细、移动宽度点数、复制宽度点数及删除宽度点数等。

2. 文本工具

可以使用"文本工具" T（快捷键 T）在 Animate 中创建三种文本字段：静态文本、动态文本和输入文本。所有文本字段都支持 Unicode。

- 静态文本字段显示的是不会动态更改的文本字符。
- 动态文本字段显示的是动态更新的文本，如游戏得分或用户名。
- 输入文本字段使用户可以在表单或调查表中输入文本。

用户可以创建水平文本（从左到右流向）或静态垂直文本（从右到左流向或从左到右流向）。创建文本字段的方法如下：

（1）单击文本的起始位置，可创建在一行中显示文本的文本字段，如图 2.2.34 所示，对于扩展的静态水平文本，会在该文本字段的右上角出现一个圆形手柄。

（2）将光标放在文本的起始位置，然后拖到所需的宽度或高度，则会创建定宽（对于水平文本）或定高（对于垂直文本）的文本字段，如图 2.2.35 所示，对于具有固定宽度的静态水平文本，将在文本字段的右上角显示一个方形手柄。

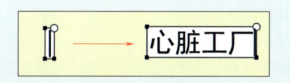

图 2.2.34 单击输入

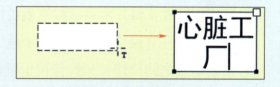

图 2.2.35 拖动输入

3. 画笔工具

Animate 提供了一种新的画笔工具，这种画笔工具是基于笔触的。使用"画笔工具"可以通过沿绘制路径应用所选艺术画笔的图案，绘制出风格化的画笔笔触。

单击"窗口→画笔库"命令；或如图 2.2.36 所示，选择"线条工具"，然后在"属性"面板中"样式选项"菜单中选择"画笔库"命令，可打开"画笔库"面板，双击"画笔库"中的任一图案画笔，将其添加到文档中，添加到文档后，它会列在"属性"面板的"笔触样式"下拉列表中。

在"属性"面板"样式选项"菜单中，单击"编辑笔触样式"命令会打开"画笔选项"对话框，这里可以选择"艺术画笔"或"图案画笔"两种类型。

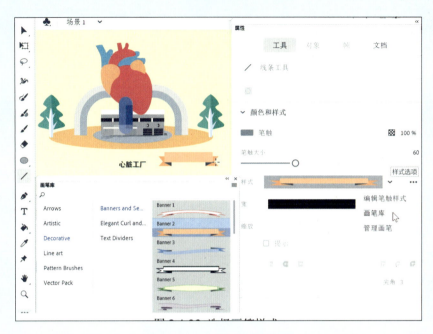

图 2.2.36　选择画笔样式

（1）艺术画笔

使用"艺术画笔"可沿路径绘制一个矢量图案，然后将其拉伸至整个长度。将选中的艺术画笔预设样式添加到文档后，便可以在使用"画笔工具""钢笔工具""线条工具""矩形工具""椭圆工具"等工具绘图时使用该样式。如图 2.2.37 所示，如果选择"艺术画笔"类型，可设置以下选项：

● 名称：指定所选画笔的名称。

● 按比例缩放：将艺术画笔按笔触长度的一定比例缩放。

● 拉伸以适合笔触长度：拉伸艺术画笔以适合笔触长度。

● 在辅助线之间拉伸：只拉伸位于辅助线之间的艺术画笔区域。艺术画笔的头尾部分适用于所有笔触，不会被拉伸。

（2）图案画笔

使用"图案画笔"可沿同一路径重复绘制图案。如图 2.2.38 所示，如果选择"图案画笔"类型，可设置以下选项：

● 名称：指定所选画笔的名称。

●"伸展以适合""增加间距以适合"和"近似路径"：这些选项指定如何沿笔触应用图案拼块。

● 翻转图稿：翻转所选图案，可以水平或垂直翻转。

● 间距：在不同片段的图案之间设置间距，默认值为 0%。

● 角部：根据所选设置自动生成角部拼块：中间、侧面、切片和重叠。默认选项是"转为图稿侧面"。

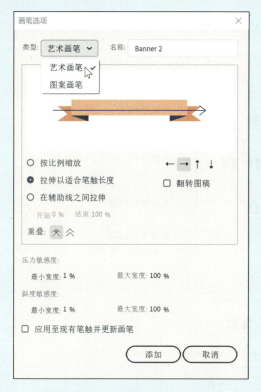

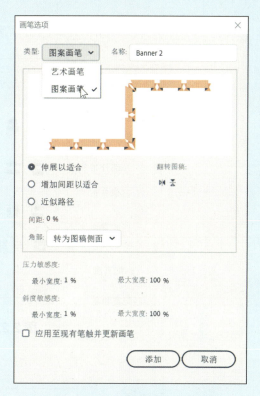

图 2.2.37 "艺术画笔"类型　　　　　　　　　图 2.2.38 "图案画笔"类型

● 应用至现有笔触并更新画笔：允许用户使用指定设置创建一个新的画笔（更改将只适用于以后绘制的新笔触），或将这些设置应用于以前绘制的所有笔触。

4. 常用面板的使用

（1）"对齐"面板

在 Animate 中，有时候需要将一些图形对象对齐，或者均匀地排列在一起，此时不必手动一点点地调整，可以通过单击"窗口→对齐"命令（快捷键 Ctrl+K）或在工作区的面板组中直接打开"对齐"面板，如图 2.2.39 所示，更加直观地修改图形。

"对齐"面板中有多种对齐模式，可按照需要选择，通常对齐方式有两种：一种是相对于选中的每个对象来对齐；另外一种就是"与舞台对齐"，这种模式是指以舞台为参照物对齐所选对象，可用于规范动画坐标。

（2）"变形"面板

"变形"面板用来对对象进行精确调整，如图 2.2.40 所示。其中包含"变形"菜单中的所有命令，只需要选中对象后拖动数值滑块即可。通过单击"窗口→变形"命令（快捷键 Ctrl+T）或在工作区的面板组中直接打开"变形"面板，"变形"面板中可调用的选项包括缩放宽度、缩放高度、约束、重置缩放、旋转、倾斜、3D 旋转、3D 中心点、水平翻转所选内容、垂直翻转所选内容、重制选区和变形和取消变形。

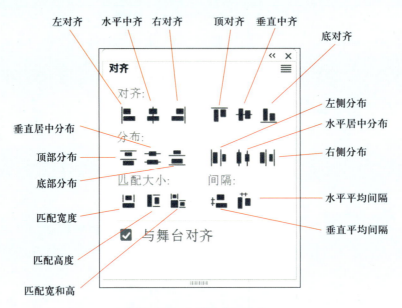

图 2.2.39　"对齐"面板

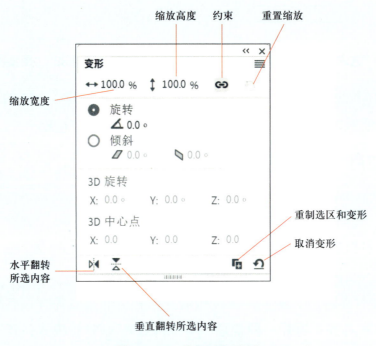

图 2.2.40　"变形"面板

（3）"颜色"面板

在 Animate 中可以通过"颜色"面板来精确设置颜色或改变已经设置好的笔触颜色和填充颜色。单击"窗口→颜色"选项（快捷键 Shift+F9）或在工作区的面板组中直接打开"颜色"面板，如图 2.2.41 所示，在设置填充颜色时，可以设置线性和放射性渐变填充，创建多色渐变。

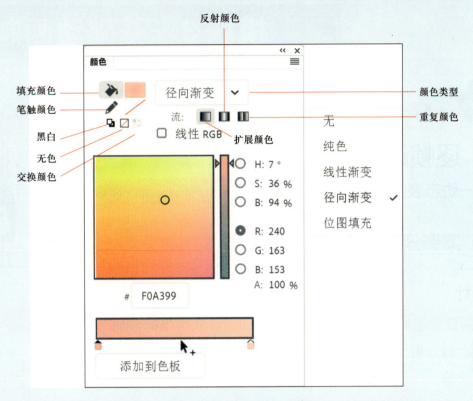

图 2.2.41 "颜色"面板

2.2.5 学习检测

知 识 要 点	掌握程度
熟练运用 Animate 中基本绘图工具绘制图形	
会将位图转换为矢量图、将线条转换为填充	
理解组合与分离的原理	
掌握宽度工具、画笔库和文本工具的操作方法	

知识获取

实训案例（图 2.2.42）	技能目标	掌握程度
	任务1 创建背景 ↘ 布置舞台 ↘ 导入骨头图片	
图 2.2.42 血管公路	任务2 元素绘制 ↘ 绘制地面 ↘ 绘制小汽车 ↘ 绘制植物和云朵	
	任务3 制作路牌 ↘ 绘制路牌道具 ↘ 路标文字	

技能掌握

说明："掌握程度"可分为三个等级："未掌握""基本掌握""完全掌握"，读者可分别使用"×""○""√"来呈现记录结果，以便以后的巩固学习。

点个赞！

3.1 逐帧动画
案例——动态表情

3.1.1　案例分析

1. 案例设计

传统动画依靠逐帧的方法实现角色的运动、特殊效果的添加等，在 Animate 中同样能用它实现传统动画效果，如打字效果、角色的复杂运动动态、背景的闪烁效果、光效、自然界中万物的规律等。

本案例主要利用逐帧动画技术制作一个动态表情：一个可爱的卡通人物在闪动的背景前，做了一个点赞的表情和动作，同时逐步出现文字"点个赞！"。为我们伟大的祖国和人民幸福生活"点个赞"。

2. 学习目标

理解逐帧动画的原理，了解帧类型以及帧的基本操作，掌握几种创建逐帧动画的方法，掌握绘图纸外观的使用方法。

3. 策划导图

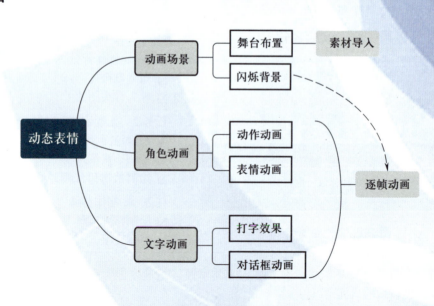

3.1.2　预备知识

1. 逐帧动画

传统动画中最常用的一种表现形式就是逐帧动画，其原理是在连续的关键帧中分解动画动作，如图 3.1.1 所示，在时间轴的每帧上逐帧绘制不同的内容，使其连续播放的动画。在逐帧动画中，舞台中每帧的内容都有变化。它最适用于图像在每一帧中都发生变化而不只是跨舞台移动的复杂动画。逐帧动画增加文件大小的速度比补间动画快得多。在逐帧动画中，Animate 会存储每个完整帧的值。

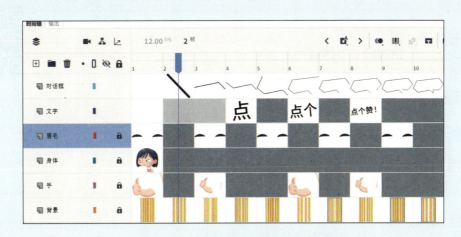

图 3.1.1　逐帧动画时间轴帧预览

逐帧动画的优势：它具有非常大的灵活性，可以使用绘画技巧、电脑技术等表现任何想表现的内容，逐帧动画与电影的播放模式很相似，适合于表现细腻的动画或画面变化较大的动画。但由于逐帧动画的帧序列中每一帧的内容不一样，所以它的缺点是制作过程比较复杂，最终输出的文件非常大。

2. 创建逐帧动画的方法

● **用导入的位图建立逐帧动画**：将 JPG、PNG、GIF 等格式的静态图片连续导入 Animate 中，就会建立一段逐帧动画。

● **绘制矢量逐帧动画**：用鼠标或压感笔在场景中一帧帧地绘制出帧内容，就会建立一段逐帧动画。

● **导入序列图像创建逐帧动画**：导入 .gif 序列图像、.swf 动画文件或者利用第三方软件（Swish、Swish 3D 等）产生的动画序列，就会建立一段逐帧动画。

● **文字逐帧动画**：用文字作为帧中的元件，实现文字出现、跳跃、旋转等运动特效，就会建立一段逐帧动画。

● **转换为逐帧动画**：在创建有补间段的任意一帧上单击鼠标右键，在弹出的快捷菜单中选择"转换为逐帧动画"命令，就会建立一段逐帧动画。

3.1.3 案例实施

Flash 任务1	动画场景

1. 任务导航

任务目标	● 巩固位图的导入以及图层的建立与命名的方法； ● 理解逐帧动画原理； ● 掌握导入序列图像创建逐帧动画的方法	演示视频
任务活动	活动1：舞台布置； 活动2：闪烁背景	
素材资源	素材：模块3\3.1\素材 源文件：模块3\3.1\fla\3.1.1.fla	

2. 任务实施

活动1：舞台布置

STEP|01 启动 Animate，单击"文件→新建"命令，打开"新建文档"对话框，如图 3.1.2 所示，选择"高级"类别的"ActionScript 3.0"选项，调整文档宽、高分别为 360 像素和 600 像素，"帧速率"为"12.00"，单击"创建"按钮，创建一个新文档，文件保存为"动态表情.fla"。

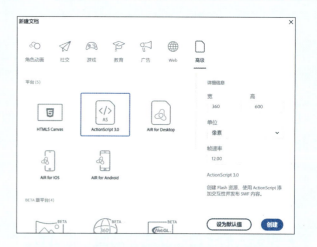

图 3.1.2 设置"动态表情.fla"文档属性

STEP|02 在"时间轴"面板上，从下至上新建 6 个图层，分别命名为"背景""手""身体""眉毛""文字""对话框"，如图 3.1.3 所示。

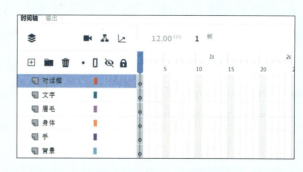

图 3.1.3 新建 6 个图层

STEP|03　单击"文件→导入→导入到库"命令，在弹出的对话框中选择素材文件夹中的"人物身体.png"和"人物手部.png"图片素材，将两张图片导入到库中，如图 3.1.4 所示。

图 3.1.4　导入图片素材

STEP|04　在"时间轴"面板中选中"身体"图层，打开"库"面板，将"人物身体.png"图片拖入舞台，同样将"人物手部.png"图片拖入对应"手"图层的舞台上，并将它们等比例放大到150% 左右，摆放在如图 3.1.5 所示的舞台位置，在两个图层的第 1 帧处自动添加关键帧。

图 3.1.5　角色布置

活动 2：闪烁背景

STEP|01　锁定"身体"和"手"图层，选中"背景"图层，单击"文件→导入→导入到舞台"命令（快捷键 Ctrl+R），打开"导入"对话框，选择素材文件夹中"背景\背景0001.png"图片素材，如图 3.1.6 所示，单击"打开"按钮。

图 3.1.6　导入序列图

STEP|02 这时会弹出的"此文件看起来是图像序列的组成部分……"的提示对话框，如图 3.1.7 所示，单击"是"按钮。将 10 张序列图片一次性地导入到对应的 10 个关键帧上。

图 3.1.7 选择导入图片序列

STEP|03 如果导入后的 10 张图片没有完全对齐于舞台的中心位置，单击"时间轴控件"中的"编辑多个帧"按钮 ▐▌，然后拖动"时间轴"面板上的起始蓝色和结束绿色标记，选定全部图片所在帧；用"选择工具" ▶ 框选舞台上的所有图片，如图 3.1.8 所示，利用"对齐"面板将所有图片一次性地对齐于舞台中心位置，锁定"背景"图层。

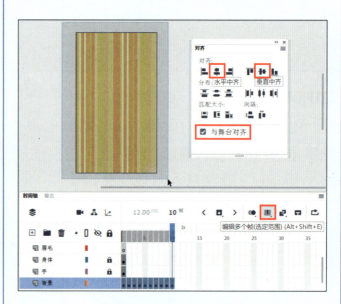

图 3.1.8 对齐背景序列

STEP|04 按 Ctrl+S 快捷键保存文档，单击"时间轴控件"中的"播放"按钮，如图 3.1.9 所示，就可以预览到背景的逐帧动画效果。

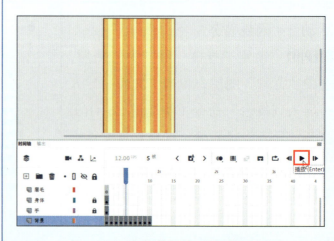

图 3.1.9 预览背景的逐帧动画效果

任务 2　　角色动画

1. 任务导航

任务目标	● 掌握用位图建立逐帧动画的方法； ● 掌握绘制矢量逐帧动画的方法	演示视频
任务活动	活动 1：动作动画； 活动 2：表情动画	
素材资源	素材：模块 3\3.1\fla\3.1.1.fla 源文件：模块 3\3.1\fla\3.1.2.fla	

2. 任务实施

活动 1：动作动画

STEP|01　在"时间轴"面板中解锁"手"和"身体"图层，如图 3.1.10 所示，打开"时间轴控件"中的"绘图纸外观" ◼ 功能，选定范围为"所有帧"。选中"手"图层的第 3 帧处，单击"时间轴控件"中的"插入关键帧"按钮 ◼（快捷键 F6）插入关键帧，用"任意变形工具" ◼ 将手臂图形的中心变形点拖动到手臂的肘关节手柄处，并旋转一定的角度。

图 3.1.10　手臂运动

STEP|02　单击"手"图层，图层中的帧会被全部选中，在选中的帧上单击鼠标右键，在弹出的菜单中选择"复制帧"命令，然后在该图层的第 6 帧单击鼠标右键，如图 3.1.11 所示，在弹出的菜单中选择"粘贴帧"命令。

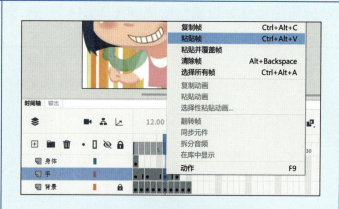

图 3.1.11　粘贴手臂关键帧

STEP|03 此时"手"图层动画长度为8帧，关闭"绘图纸外观"功能，分别选中"手"图层和"身体"图层的第10帧，单击"时间轴控件"中的"插入帧"按钮 ▫（快捷键F5）插入帧延续动画，如图3.1.12所示，这样就实现了身体不动、手臂挥动2次的动画效果。

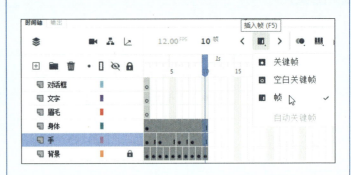

图3.1.12　设置逐帧动作次数与时长

活动2：表情动画

STEP|01 选中"时间轴"面板"眉毛"图层，选择"线条工具" ╱，如图3.1.13所示，在"属性"面板的"工具"选项卡的"颜色和样式"选项组中设置"笔触颜色"为深灰色（#333333），"笔触大小"为23像素，"样式"为"实线"，"宽"为"宽度配置文件6"，且选择"圆头端点"，在人物眼睛上方拖出眉毛的形状。

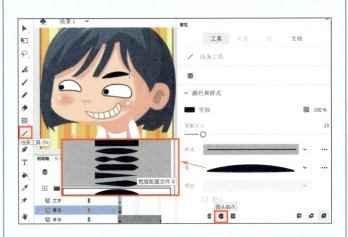

图3.1.13　绘制眉毛外形

STEP|02 选择"选择工具"，靠近刚绘制的眉毛形状，当鼠标变成如图3.1.14所示的笔触调整状态时，适当拖动调整眉毛的形状。

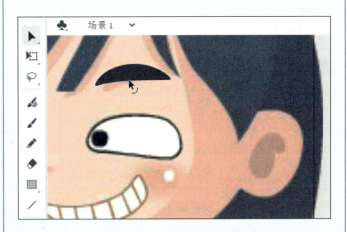

图3.1.14　调整眉毛形状

STEP|03　选中绘制好的眉毛，按 Ctrl+D 快捷键复制一个对象，如图 3.1.15 所示，放置到左眼上方。

图 3.1.15　复制另外一侧眉毛

STEP|04　在"眉毛"图层的第 3 帧处添加关键帧，如图 3.1.16 所示，选中绘制好的眉毛向下拖动一段距离。

图 3.1.16　第 1 帧与第 3 帧眉毛的位置

STEP|05　选中"眉毛"图层的前 3 帧，在选中的帧上单击鼠标右键，在弹出的快捷菜单中选择"复制帧"命令，然后在第 5、9 帧处分别单击鼠标右键，在弹出的菜单中选择"粘贴帧"命令，粘贴后多出 1 个关键帧，在第 11 帧处单击鼠标右键，选择"删除帧"命令，如图 3.1.17 所示，完成挑眉的动画效果。

图 3.1.17　挑眉逐帧动画

Flash | **任务 3** | **文字动画**

1. 任务导航

任务目标	• 掌握文字逐帧动画的制作方法； • 巩固绘制矢量逐帧动画的方法	演示视频
任务活动	活动 1：打字效果； 活动 2：对话框动画	
素材资源	素材：模块 3\3.1\fla\3.1.2.fla 源文件：模块 3\3.1\fla\ 动态表情 .fla	

2. 任务实施

活动 1：打字效果

STEP|01 在"文字"图层第 4 帧处按 F7 键，插入空白关键帧。选择"文本工具" T ，如图 3.1.18 所示，设置"文本工具"的"属性"为"静态文本"，"文本方向"为"水平"，"字符"为"黑体"，"大小"为"65 pt"，"填充"为黑色（#000000），"段落"为"左对齐"。在舞台中角色的头顶上输入文本"点个赞！"，然后在"变形"面板中将其微微旋转"–6.0°"。

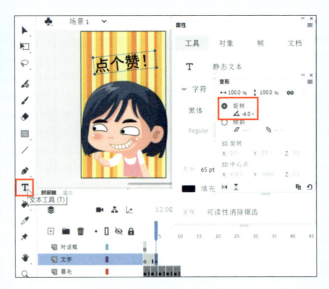

图 3.1.18　设置文本属性

STEP|02 在"文字"图层的第 5 帧和第 6 帧处插入关键帧，如图 3.1.19 所示，在第 5 帧处删除舞台上文本"赞！"，在第 6 帧处删除文本"个赞！"。

第4帧　　　　第5帧　　　　第6帧

图 3.1.19　文字逐帧设置

STEP|03 按住 Ctrl 键依次选中"文字"图层的第 4~6 帧，然后单击鼠标右键，如图 3.1.20 所示，在弹出的菜单中选择"翻转帧"命令，让动画倒序播放。

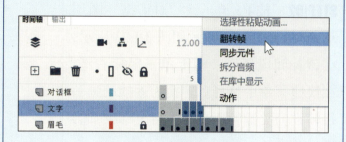

图 3.1.20　翻转文字动画

STEP|04 在"文字"图层的前面两个关键帧处各按 1 次 F5 键，插入 1 帧；在最后一个关键帧处按 2 次 F5 键，插入 2 帧，如图 3.1.21 所示，让"点个赞！"文字保持与整个动画时长相同。

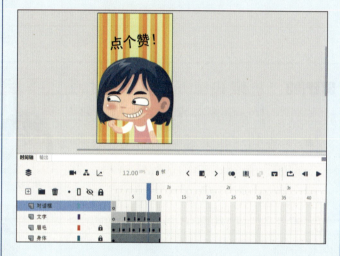

图 3.1.21　设置文字图层动画时长

活动 2：对话框动画

STEP|01 选中"对话框"图层的第 1 帧，选择"线条工具"，在"属性"面板中设置"笔触颜色"为黑色（#000000），"笔触大小"为 3 像素；"样式"为"实线"，"宽"为默认的"［均匀］"；打开"绘图纸外观"功能，设置选定范围为"所有帧"，如图 3.1.22 所示，参照文字的位置绘制一个对话框的外形。

图 3.1.22　绘制对话框

STEP|02 按 F5 键延续"对话框"图层动画时长到第 10 帧，如图 3.1.23 所示，在该补间段任意一帧上单击鼠标右键，在快捷菜单中选择"转换为逐帧动画→每帧设为关键帧"命令，将全部帧都转换为关键帧。

图 3.1.23 "对话框"图层逐帧动画设置

STEP|03 从第 10 帧开始，在"时间轴控件"中每单击一次"关键帧控制" < ■ > 左边"在关键帧向后退至上一个关键帧"按钮，如图 3.1.24 所示，就多删除舞台上"对话框"图层的一根线条，直至第 1 帧线条完全删除后变为空白关键帧。

第2帧　　第3帧　　第4帧　　第5帧　　第6帧

第7帧　　第8帧　　第9帧　　第10帧

图 3.1.24 "对话框"图层逐帧动画设置

STEP|04 选择"工具"选项卡中"手形工具"组中的"时间划动工具"，如图 3.1.25 所示，在舞台上左右划动，检查并预览制作好的绘制对话框的逐帧动画。

图 3.1.25 预览动画效果

STEP|05 按 Ctrl+S 快捷键保存动画文档，单击"文件→发布设置"命令，如图 3.1.26 所示，打开"发布设置"对话框，勾选"GIF 图像"格式，"播放"选项为"动画"，单击"发布"按钮，再单击"确定"按钮后动画文件夹中会生成 GIF 图像格式。

图 3.1.26 "动态表情"发布设置

3.1.4 知识链接

1. 帧的操作

（1）插入帧

在 Animate 中插入帧、关键帧和空白关键帧的方法基本相同，主要有以下四种：

方法 1：快捷键。在"时间轴"图层播放头所在位置按 F5 键可插入帧，按 F6 键可插入关键帧，按 F7 键可插入空白关键帧（如果在图层的舞台上还没有添加任何对象，按 F6 键添加的就是空白关键帧）。

方法 2：右键菜单。在"时间轴"面板中需要插入帧的地方单击鼠标右键，在弹出的快捷菜单中选择"插入帧"命令可插入帧；选择"插入关键帧"命令可插入关键帧，选择"插入空白关键帧"命令可插入空白关键帧。

方法 3：命令菜单。单击"时间轴"面板中需要插入帧的地方，单击"插入→时间轴→帧"命令可插入帧，单击"插入→时间轴→关键帧"命令可插入关键帧，单击"插入→时间轴→空白关键帧"命令可插入空白关键帧。

方法 4：插入帧组。在"时间轴控件"中，单击"插入帧组"按钮并按住鼠标不放，下拉菜单中会出现 4 个选项：关键帧、空白关键帧、帧和自动关键帧，如图 3.1.27 所示。

在时间轴中选择当前帧，只需选择"插入帧组"中的相应功能选项，即可添加关键帧、空白关键帧和帧；如果选择了"自动关键帧"功能，则在当前帧修改舞台内容时，会自动创建关键帧。

单击"插入帧组"左边的"<"按钮可以在关键帧向后退至上一个关键帧，单击右边的"›"按钮可以在现有图层上向前进至下一个关键帧。

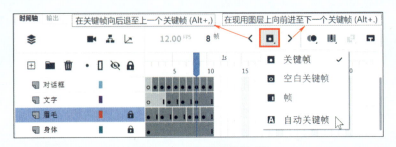

图 3.1.27　关键帧控制

（2）删除帧

要删除帧，同样也可以在右键快捷菜单中选择相应的命令，如"删除帧""清除帧""清除关键帧"。也可以用快捷键快速地删除帧，按 Shift+F5 组合键可以删除帧；按 Shift+F6 组合键可以删除关键帧。

（3）选择帧

方法 1：选择所有帧。单击鼠标右键，在弹出的快捷菜单中选择"选择所有帧"命令。

方法 2：选择单帧。单击"时间轴"上要选择的帧，帧变成蓝色，表示被选中。

方法 3：选择多帧。用鼠标选中要选择的帧，再向后或向前拖曳，其间鼠标指针经过的帧全部被选中。按住 Ctrl 键的同时，用鼠标单击要选择的帧，可以选择多个不连续的帧；按住 Shift 键的同时，用鼠标单击要选择的两帧，这两帧中间的所有帧都被选中。

（4）移动和复制帧

选中一个或多个帧，按住鼠标左键，移动所选帧到目标位置后放开鼠标，可以移动帧的位置。在移动过程中，如果按住 Alt 键，会在目标位置复制出所选的帧。

选中一个或多个帧，单击鼠标右键，在弹出的菜单中选择"剪切帧"命令，或按 Ctrl+Alt+X 组合键，剪切所选的帧，选中目标位置，在弹出菜单中选择"粘贴帧"命令，或按 Ctrl+Alt+V 组合键，在目标位置粘贴所选的帧。

2. 绘图纸功能

通常情况下，在某个时间舞台上仅显示动画序列的一个帧。为了辅助绘制、定位和编辑逐帧的动画，绘图纸外观可以通过在舞台上显示上一帧和下一帧的内容以提供参考。播放头下面的帧以全彩色显示，并采用不同的颜色和 Alpha 来区分过去的帧和未来的帧。

（1）绘图纸外观

单击"时间轴"面板上"时间轴控件"中的"绘图纸外观" 按钮，如图 3.1.28 所示，可启用（再次单击可禁用）绘图纸外观，时间轴标尺上会出现绘图纸的标记显示：

- "起始绘图纸外观"蓝色标记位于播放头的左侧，表示前面有多少帧在舞台上显示；"结束绘图纸外观"绿色标记位于播放头的右侧，表示后面有多少帧在舞台上显示。

● 无论播放头移动到哪里，标记始终围绕播放头，并显示帧的前后相同数量不变。

● 拖动蓝色标记和绿色标记，可以改变当前绘图纸工具的显示范围。

● 下拉菜单中"所有帧"命令：显示范围为时间轴中所有帧；"锚点标记"命令：将锁定绘图纸标记的显示范围，移动播放头将不会改变显示范围；"高级设置"命令：可以

图 3.1.28 绘图纸外观功能

打开"绘图纸外观设置"对话框，修改显示轮廓或填充、标记显示范围、起始透明度等参数。

（2）编辑多个帧

绘图纸外观通常只允许编辑当前帧，单击"编辑多个帧" ▥ 按钮，可以显示绘图纸外观标记之间每个帧的内容并且可同时对这多个帧的内容进行编辑。

3.1.5 学习检测

	知 识 要 点	掌握程度
知识获取	理解逐帧动画的原理	
	了解帧类型以及帧的基本操作	
	掌握几种创建逐帧动画的方法	
	掌握绘图纸外观的使用方法	

	实训案例（图 3.1.29）	技能目标	掌握程度
技能掌握	图 3.1.29 公益动图	任务1 动画场景 ↘ 导入序列图像创建逐帧动画	
		任务2 角色动画 ↘ 绘制矢量逐帧动画 ↘ 用导入的位图建立逐帧动画	
		任务3 文字动画 ↘ 制作文字逐帧动画	

说明："掌握程度"可分为三个等级："未掌握""基本掌握""完全掌握"，读者可分别使用"×""○""√"来呈现记录结果，以便以后的巩固学习。

3.2 补间形状动画
案例——动画课件

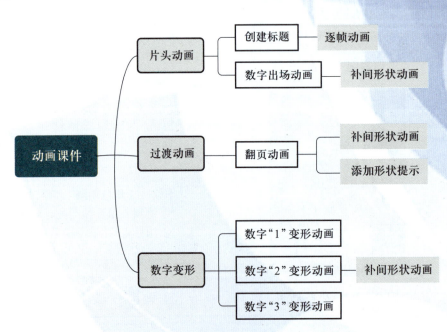

第1课 认识数字

1 2 3

3.2.1 案例分析

1. 案例设计

在 Animate 中除了可以制作逐帧动画外，还可以制作各种带补间的动画，如补间形状动画、传统补间动画和补间动画等，它们帮助设计者在动画中方便、快速地制作各种动画效果。

本案例是利用补间形状动画技术制作的一个动画课件：课本上 1、2、3 三个数字排队出现，1 变成在书本上书写的铅笔，2 变成在水池里游动的鸭子，3 变成飞舞的蝴蝶，教小朋友们认识数字 1、2、3。关爱儿童早期教育，呵护祖国美好未来。

2. 学习目标

理解补间形状动画原理，了解补间形状的特点，熟练掌握位置变化、大小变化、颜色变化、旋转变化补间形状创建方法，使用形状提示控制形状变化的方法。

3. 策划导图

```
                            ┌─ 创建标题 ─── 逐帧动画
                    片头动画 ─┤
                            └─ 数字出场动画 ─── 补间形状动画

                                        ┌─ 补间形状动画
动画课件 ─── 过渡动画 ─── 翻页动画 ─┤
                                        └─ 添加形状提示

                            ┌─ 数字"1"变形动画
                    数字变形 ─┼─ 数字"2"变形动画 ─── 补间形状动画
                            └─ 数字"3"变形动画
```

3.2.2　预备知识

在 Animate 中如果要实现位置、大小、颜色、形状等的变化效果，仅用逐帧动画很难实现，这时就需要制作带有补间的动画。

带补间的动画实际上就是由计算机自动生成动画。我们只需要确定运动对象在舞台上的起始位置和结束位置，对象运动过程中所有过渡帧都由计算机自动生成，这种方式可以极大地提高动画制作的效率，该技术也被视为动画制作中的一次革命。

带补间的动画形式在 Animate 中分为两大类：一类是用于**形状**的动画——补间形状动画；另一类是用于**元件**的动画——传统补间动画和补间动画。

补间形状动画

在时间轴一个关键帧上绘制一个形状，然后在另外一个关键帧上更改该形状或绘制另外一个形状等，此时创建补间形状后，Animate 会为这两帧之间的帧补齐中间形状，创建出从一个形状变形为另一个形状的动画效果。如图 3.2.1 所示，补间形状可以实现两个形状之间的位置、大小、颜色、形状的各种过渡效果。

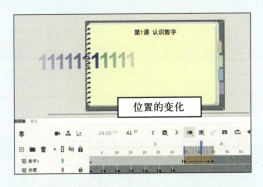
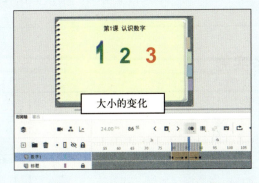
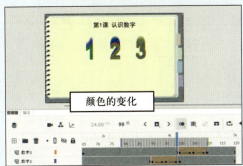
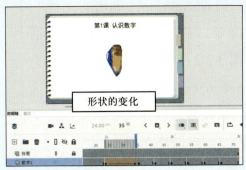

图 3.2.1　各种形式的补间形状动画

3.2.3 案例实施

任务1 | **片头动画**

1. 任务导航

任务目标	● 巩固逐帧动画的制作方法； ● 理解补间形状的原理； ● 掌握补间形状动画的创建方法	演示视频
任务活动	活动1：创建标题； 活动2：数字出场动画	
素材资源	素材：模块3\3.2\ 素材 源文件：模块3\3.2\fla\3.2.1.fla	

2. 任务实施

活动1：创建标题

STEP|01 启动 Animate，单击"文件→新建"命令，打开"新建文档"对话框，如图 3.2.2 所示，选择"高级"类别的"ActionScript 3.0"选项，其他选项采用默认设置，创建一个新文档，文件保存为"动画课件.fla"。

图 3.2.2 设置"动画课件 fla"文档属性

STEP|02　单击"文件→导入→导入到舞台"命令（快捷键 Ctrl+R），导入素材文件夹中的图片"活页书.psd"。如图 3.2.3 所示，在打开的"将"活页书.psd"导入到舞台"对话框中，勾选"将舞台大小设置为与 Photoshop 画布同样大小（800×500）"复选框，其他选项默认。该素材图片导入到舞台后，会自动在"图层 _1"图层上增加两个图层："书钉"和"书"。然后再单击"文件→导入→导入到库"命令，导入素材文件夹中剩下的 6 张 PNG 图片到库中。

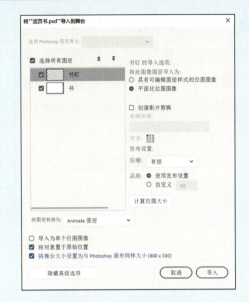

图 3.2.3　导入素材图片

STEP|03　锁定"书钉"和"书"图层，将空白的"图层 _1"图层重命名为"书页"图层，拖放到两个图层中间，如图 3.2.4 所示，用"基本矩形工具" 在舞台上拖曳绘制一个"笔触颜色"为"无"、"填充颜色"为浅黄色（#FFFFCC）的矩形。

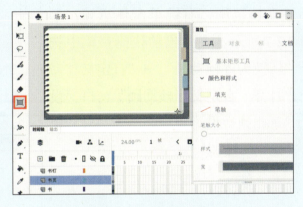

图 3.2.4　绘制基本矩形

STEP|04　在属性面板的"对象"选项卡中调整矩形大小为 740 像素 ×445 像素；选择"矩形选项"中"矩形边角半径" ，然后如图 3.2.5 所示，拖动一个矩形边角控制点，修改 4 个角均为圆角，然后单击"分离"按钮 ，将其分离成形状。

> **小提示：**
> 如果选择"矩形选项"中"单个矩形边角半径" ，则需要单独拖动矩形每个边角控制点，逐个调整圆角大小。

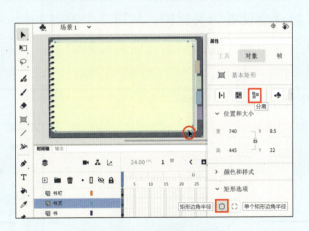

图 3.2.5　设置圆角矩形

STEP|05 在"书页"图层上新建一个图层，命名为"标题"，然后选择"文本工具"，如图3.2.6所示，在舞台书页的上方输入传统静态文本"第1课 认识数字"，设置对象属性字体为"黑体"，"大小"为"35 pt"，填充为黑色。

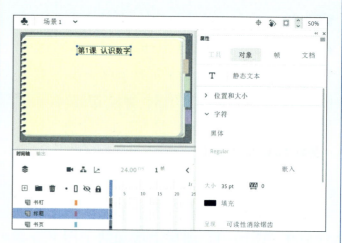

图3.2.6　输入标题

STEP|06 在"标题"图层的第35帧处插入帧，延长帧持续时间；选中此图层整个帧范围，右键单击任意帧，如图3.2.7所示，在弹出的快捷菜单中选择"转换为逐帧动画"→"自定义"命令，打开"自定义逐帧动画"窗口，设置"每此帧数设为关键帧"为"5"，单击"确定"按钮。

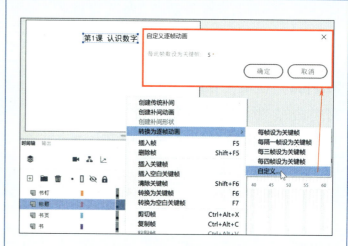

图3.2.7　制作标题的逐帧动画

STEP|07 此时在"标题"图层中每隔5帧就会设置为关键帧，从第2个关键帧（第6帧）起，从后往前删除舞台上标题的一个字，直至第31帧关键帧处，舞台上只剩下最后一个"第"字，如图3.2.8所示。

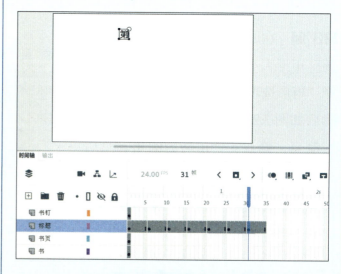

图3.2.8　编辑标题的逐帧动画

STEP|08 单击"标题"图层,选中整个帧范围,右键单击任意帧,在弹出的快捷菜单中选择"翻转帧"命令,翻转逐帧动画。然后延续所有图层时长到第120帧,标题创建完毕,如图3.2.9所示。

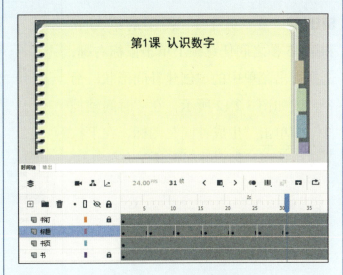

图 3.2.9 完成标题创建

活动2:数字出场动画

STEP|01 在"标题"图层上新建一个图层,命名为"数字1",该图层的第35帧处插入空白关键帧,如图3.2.10所示,在舞台外场景左边输入一个字体为"Arial Bold"、"大小"为"120 pt"、颜色为紫色(#6633CC)的数字"1"。

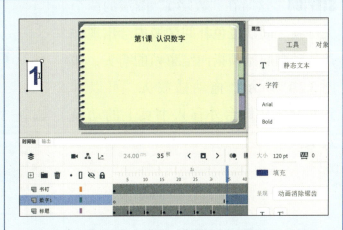

图 3.2.10 新建"数字 1"图层

STEP|02 将"时间轴控件"中的插入帧组切换到"自动插入关键帧" 📷 模式;选中数字"1",按 Ctrl+B 快捷键将其分离成形状;然后,如图3.2.11所示,将播放头移动到第45帧处,拖动数字"1"对象到舞台中,自动添加关键帧。

小提示:

　　若使用的是元件、按钮、文字、组这些元素,必须先将其分离成形状后才可以创建补间形状动画。

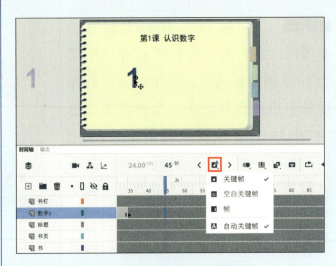

图 3.2.11 自动添加关键帧

STEP|03 在"数字1"图层的第35帧和第45帧之间任意帧上单击鼠标右键，选择弹出菜单中的"创建补间形状"命令，或如图3.2.12所示，在"时间轴控件"中单击"生成补间"图标，在下拉菜单中选择"创建补间形状"命令。

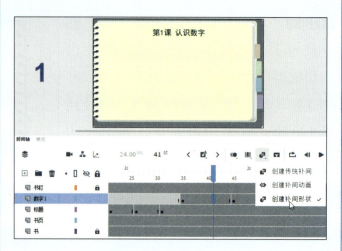

图 3.2.12 创建补间形状

STEP|04 这时在"数字1"图层的两个关键帧之间浅橙色补间区域内会出现一条从动画起始帧指向结束帧的箭头，如图3.2.13所示，拖动播放头，可以看到数字1从舞台外移入书页上的动画效果。

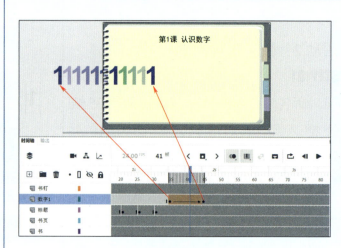

图 3.2.13 数字"1"的出场动画

STEP|05 在"数字1"图层上新建一个图层，命名为"数字2"；在该图层的第45帧处插入空白关键帧，然后在场景左边舞台外输入一个颜色为绿色（#009933）、其他属性与数字"1"相同的数字"2"，并分离成形状；在第55帧处将数字"2"拖入到舞台上数字"1"的右侧位置，自动生成关键帧，如图3.2.14所示，创建两个关键帧之间的补间形状，完成数字"2"的出场动画。

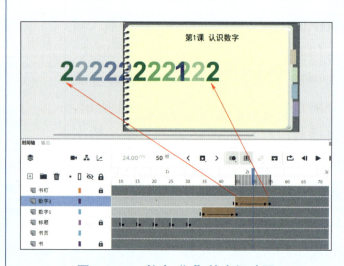

图 3.2.14 数字"2"的出场动画

STEP|06 用同样的方法制作数字"3"的出场动画：继续新建图层，命名为"数字3"，在第55帧处插入关键帧，在场景左边舞台外输入一个颜色为橘红色（#FF3300）、其他属性与数字"1"相同的数字"3"，然后分离成形状。在第65帧处把数字"3"拖入舞台，放在数字"2"的右边，自动生成关键帧，然后创建两个关键帧之间的补间形状，如图3.2.15所示完成数字"3"的出场动画。

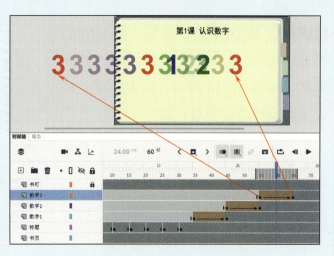

图 3.2.15 数字"3"的出场动画

STEP|07 在"数字1"图层的第80、85、90帧处分别插入关键帧，然后用"工具"选项卡中的"任意变形工具"选中第85帧处舞台上的数字"1"，将对象中心的变形点拖动到下方边手柄中心处，然后垂直向上拖动上方边手柄，使数字"1"稍拉长一些，如图3.2.16所示。

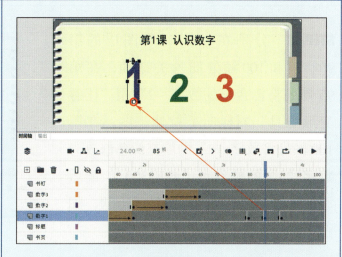

图 3.2.16 更改数字"1"的长度

STEP|08 将播放头移动到第90帧处，用"选择工具"选中舞台上的数字"1"，在"属性"面板中，修改其填充颜色（颜色吸取数字"2"的绿色 #019933），如图3.2.17所示。

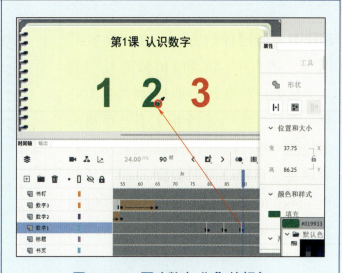

图 3.2.17 更改数字"1"的颜色

STEP|09 依次创建"数字1"图层的第80~85帧和第85~90帧之间的补间形状，如图3.2.18所示，完成数字"1"大小以及颜色的变形动画。

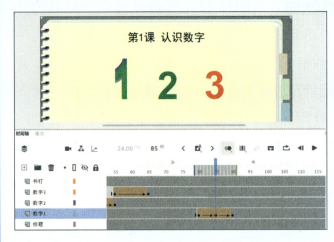

图3.2.18 数字"1"的变形动画

STEP|10 分别在"数字2"图层的第90、95和100帧处插入关键帧；在第95帧处将舞台上的数字"2"用"任意变形工具"同样向上拉伸一些；在第100帧处将数字"2"的填充颜色修改为数字"3"的橘红色（#FF3300），最后添加这3个关键帧之间的补间形状，如图3.2.19所示。

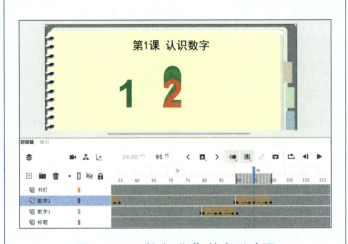

图3.2.19 数字"2"的变形动画

STEP|11 用同样的方法，在"数字3"图层的第100、105和110帧处分别插入关键帧；在第105帧时，将舞台上的数字"3"用"任意变形工具"稍稍向上拉伸一些；在第110帧处将数字"3"的填充颜色修改为先前数字"1"的紫色（#6633CC），最后添加这3个关键帧之间的补间形状，如图3.2.20所示。

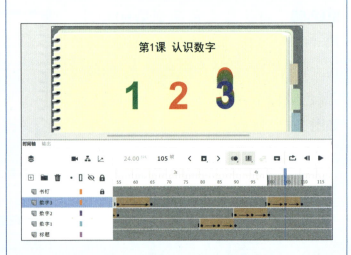

图3.2.20 数字"3"的变形动画

任务 2　过渡动画

1. 任务导航

任务目标	• 理解形状提示点的作用； • 学会创建形状提示点； • 掌握使用形状提示控制形状变化的方法	演示视频
任务活动	活动：翻页动画	
素材资源	素材：模块 3\3.2\fla\3.2.1.fla 源文件：模块 3\3.2\fla\3.2.2.fla	

2. 任务实施

活动：翻页动画

STEP|01　将"时间轴"面板上"书钉""书页"和"书"这 3 个图层延续到第 144 帧，然后在"书页"图层的第 120、132 和 144 帧处均插入关键帧，如图 3.2.21 所示。

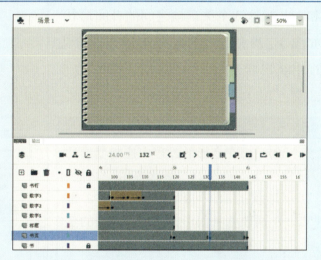

图 3.2.21　插入"书页"图层的关键帧

STEP|02　将播放头放置在第 144 帧处，如图 3.2.22 所示，用"任意变形工具"将舞台上"书页"形状对象中心的变形点拖到其左侧边手柄中心处，然后在"变形"面板中设置"旋转"角度为"180°"，使其水平翻转。

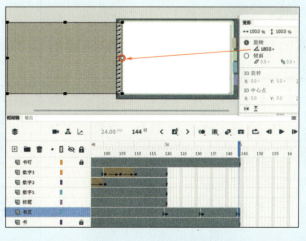

图 3.2.22　翻转对象

STEP|03 将播放头移动到第132帧处，如图3.2.23所示，将舞台上"书页"形状对象变形：① 用"任意变形工具"将形状中心变形点拖到左侧边手柄中心位置；② 向左拖动右边线，将形状的宽度变窄；③ 按住Ctrl键，拖动形状右侧上、下两个角手柄，使其扭曲变形；④ 用"选择工具"依次靠近形状上、下边，待鼠标变为弧线时，将直线拖动成弧线。

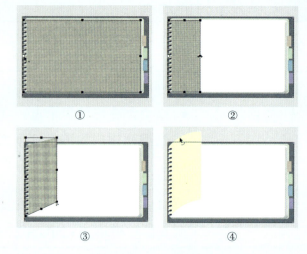

图 3.2.23 形状变形

STEP|04 创建"书页"图层第120、132和144帧这3个关键帧之间的补间形状。如图3.2.24所示，预览动画效果，会发现书页形状发生了一系列不规则的变形动画，并没有真正实现翻页的动画效果。

> **小提示：**
>
> 如果想在变形的过程中控制变形的形式，就需要用到"形状提示"功能。使用形状提示，可以控制变形的关键点，从而改善补间形状动画不规则的变形方式，对其进行有效控制。

图 3.2.24 不规则的变形动画

STEP|05 锁定"时间轴"面板上除了"书页"图层外的其他图层，并隐藏"标题""数字1""数字2""数字3"图层的显示。选中"书页"图层的第120帧，单击"修改→形状→添加形状提示"命令（快捷键Ctrl+Shift+H），如图3.2.25所示，在舞台的书页上会出现一个带字母"a"的红色圆圈。这时在第130帧处舞台变形后的书页上也会同时出现一个"a"的提示圆圈。

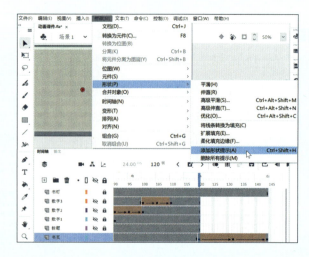

图 3.2.25 添加形状提示

STEP|06 继续在第 120 帧处按 Ctrl+Shift+H 快捷键添加形状提示，依次添加"a""b""c""d"四个形状提示点，然后将 4 个提示点分别拖动到书页的 4 个角，位置如图 3.2.26 所示。

> **小提示：**
> 在形状提示点上单击鼠标右键，在弹出菜单中可以选择"添加提示""删除提示""删除所有提示"或"显示 / 隐藏提示"命令。

图 3.2.26　调节第 120 帧处形状提示点位置

STEP|07 将播放头移动到第 132 帧，调节变形后的书页上对应的形状提示点位置如图 3.2.27 所示。

> **小提示：**
> 在"起始帧形状"和"结束帧形状"中添加相应的"控制点"，使 Animate 在计算变形补间的时候，依照规定的新规则，对形状的某些位置进行保留或延缓变形，从而控制变形过程，使变形前后的形状有所联系。

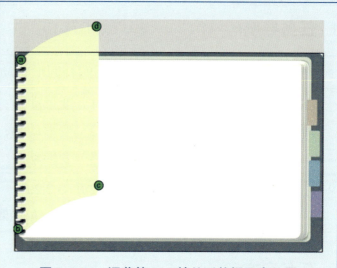

图 3.2.27　调节第 132 帧处形状提示点位置

STEP|08 拖动播放头，预览变形动画效果，可以发现从第 120 帧到第 132 帧之间的翻页过渡效果正常了，但是第 132 帧到第 144 帧之间的过渡效果却还是不理想，所以按照上面的步骤，继续在第 132 帧处新增"a""b""c""d"4 个形状提示点，并覆盖之前的那 4 个点的位置，如图 3.2.28 所示。

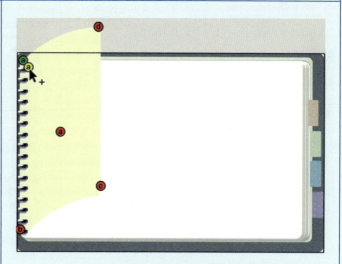

图 3.2.28　新增第 132 帧处形状提示点位置

STEP|09 将播放头移动到第 144 帧，调节最终翻转书页上对应的形状提示点位置如图 3.2.29 所示。预览完成后的动画效果，翻书的仿真效果就制作出来了。

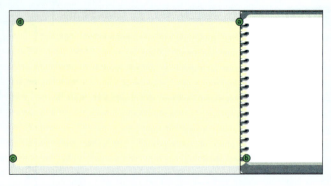

图 3.2.29　调节第 144 帧处形状提示点位置

任务3　数字变形

1. 任务导航

任务目标	掌握不同形状间的补间形状动画制作方法	
任务活动	活动 1：数字"1"变形动画； 活动 2：数字"2"变形动画； 活动 3：数字"3"变形动画	演示视频
素材资源	素材：模块 3\3.2\fla\3.2.2.fla 源文件：模块 3\3.2\fla\ 动画课件 .fla	

2. 任务实施

活动 1：数字"1"变形动画

STEP|01 单击"插入→场景"命令，如图 3.2.30 所示，新建一个"场景 2"场景，并进入场景 2 的编辑窗口。

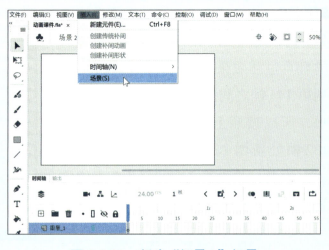

图 3.2.30　新建"场景 2"场景

STEP|02 单击 Animate 界面编辑栏的"编辑场景"按钮，选择"场景1"，回到主场景，按住 Ctrl 键，依次选中"时间轴"面板中的"书钉""标题""书"图层，如图 3.2.31 所示，单击鼠标右键，选择"拷贝图层"命令。

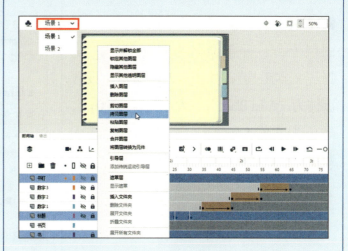

图 3.2.31 选择"拷贝图层"—场景1

STEP|03 再次单击编辑栏上的"编辑场景"按钮，选择"场景2"，进入"场景2"，在"图层_1"图层上单击鼠标右键，选择"粘贴图层"命令，将"场景1"中的几个图层一并粘贴到"场景2"中。然后用鼠标框选所有图层第73帧以后的补间部分，如图 3.2.32 所示，选择右键快捷菜单中的"删除帧"命令，修改此场景动画时长为72帧。

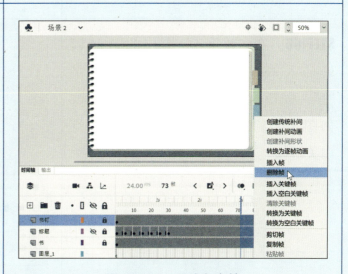

图 3.2.32 删除多余帧

STEP|04 显示"标题"图层，选中该图层的第1帧，按住 Shift 键再单击第26帧，选择这些帧，单击鼠标右键，选择"清除关键帧"命令，如图 3.2.33 所示，清除逐帧动画效果，只保留标题文字。

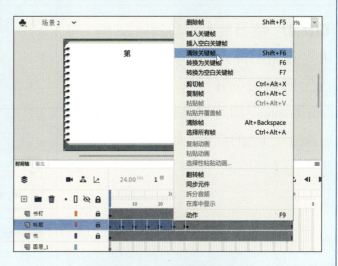

图 3.2.33 清除关键帧

STEP|05 将"图层 _1"图层拖到"书"图层上方，并重命名为"数字 1"；选择"文本工具"，如图 3.2.34 所示，设置字体为"Arial Black"，"大小"为"200 pt"，颜色为紫色（#6633CC），在舞台上输入数字"1"，居中与舞台对齐。

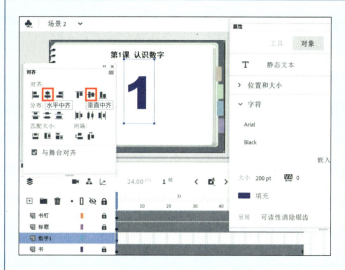

图 3.2.34　输入数字"1"

STEP|06 在"数字 1"图层的第 24 帧处插入关键帧，选中舞台上的文字"1"，按 Ctrl+B 快捷键将其分离为形状，如图 3.2.35 所示，在第 36 帧处插入空白关键帧。

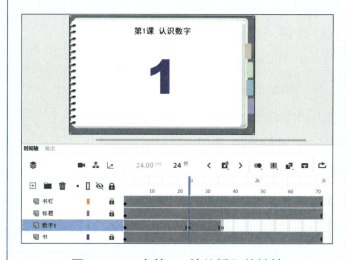

图 3.2.35　在第 24 帧处插入关键帧

STEP|07 将播放头移动到第 36 帧，单击"绘图纸外观"按钮可以看到数字"1"所处的位置。从"库"面板中将"铅笔 .png"图片对象拖入舞台中并覆盖数字"1"的位置，如图 3.2.36 所示。

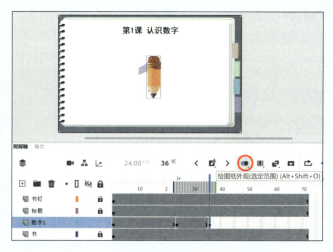

图 3.2.36　拖动"铅笔 .png"到舞台

STEP|08　选中舞台上的铅笔对象，如图 3.2.37 所示，单击"修改→位图→转换位图为矢量图"命令，在打开的"转换位图为矢量图"对话框中修改"最小区域"为"1"像素，单击"确定"按钮，将铅笔转换为矢量图形。

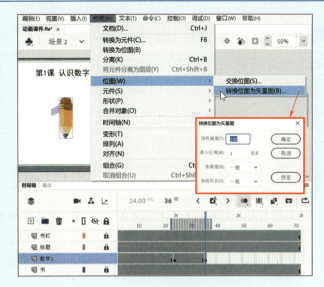

图 3.2.37　转换位图为矢量图

STEP|09　最后创建"数字 1"图层第 24～36 帧之间的补间形状动画，并延续图层的时长到第 72 帧，如图 3.2.38 所示，实现数字"1"变铅笔的变形动画效果。

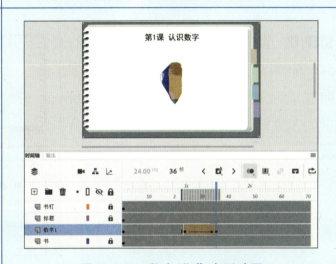

图 3.2.38　数字"1"变形动画

STEP|10　新建图层，命名为"书本"，并将该图层拖到"数字 1"图层的下面。在"书本"图层的第 36 帧处插入空白关键帧，将"库"面板中"背景 1.png"图片对象拖入舞台上铅笔的下方，如图 3.2.39 所示。

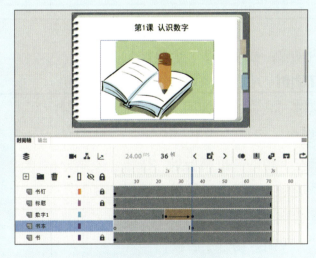

图 3.2.39　加入书本

STEP|11　在"数字 1"图层的第 66 帧处插入关键帧，在第 36 ~ 66 帧范围内，右键单击任意帧，如图 3.2.40 所示，选择"转换为逐帧动画"→"自定义"命令，打开"自定义逐帧动画"对话框，设置"每此帧数设为关键帧"为"6"，创建 6 个关键帧。

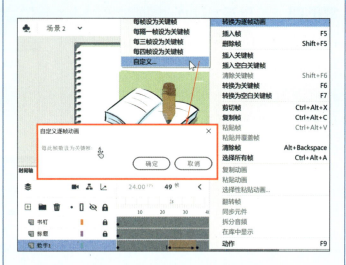

图 3.2.40　转换为逐帧动画

STEP|12　在"数字 1"图层的第 42、48、54、60 帧处分别用"任意变形工具"向左或向右旋转舞台上铅笔对象的角度，完成铅笔的逐帧动画，如图 3.2.41 所示。

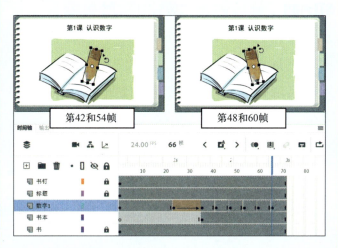

图 3.2.41　铅笔的逐帧动画

活动 2：数字"2"变形动画

STEP|01　单击"窗口→场景"命令（快捷键 Shift+F2），如图 3.2.42 所示，打开"场景"窗口，选中"场景 2"，然后单击左下角的"重制场景"按钮，复制一个场景 2，双击场景名"场景 2 复制"，重命名为"场景 3"，单击进入"场景 3"，关闭"场景"面板。

图 3.2.42　重制场景

STEP||02 删除"时间轴"面板中的"数字1"图层，在此处创建"数字2"图层，在舞台上输入系列文本数字"2"，设置字体为"Arial Black"，"大小"为"200 pt"，颜色为绿色（#019933），居中与舞台对齐，如图3.2.43所示，在该图层的第24帧处插入关键帧，在第36帧处插入空白关键帧。

图 3.2.43　输入数字"2"

STEP|03 将"数字2"图层第24帧处舞台上的数字"2"分离为形状；在第36帧处，从"库"面板中将"鸭子.png"图片对象拖入到舞台，等比例放大到130%，覆盖数字"2"的位置；然后将鸭子转换为矢量图形，并创建第24~36帧之间的补间形状动画，实现数字"2"变鸭子的变形动画效果，如图3.2.44所示。

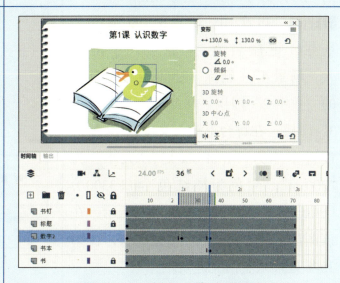

图 3.2.44　数字"2"变形动画

STEP|04 将"书本"图层重命名为"池塘"，选中舞台上的书本图片对象，如图3.2.45所示，单击鼠标右键，选择"交换位图"命令，打开"交换位图"对话框，选择"背景2.png"图片，单击"确定"按钮。

图 3.2.45　加入池塘

STEP|05 在"数字2"图层的第42、48、54、60、66帧处分别添加关键帧，如图3.2.46所示，分别用"任意变形工具"向左或向右旋转第42、48、54和60帧处舞台上鸭子对象的角度，完成鸭子的逐帧动画。

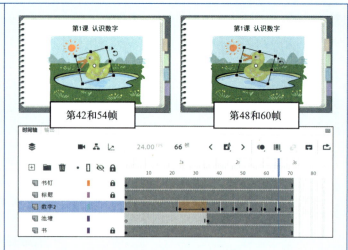

图3.2.46 鸭子的逐帧动画

活动3：数字"3"变形动画

STEP|01 再次用"场景3"重制一个场景，重命名为"场景4"，单击进入"场景4"。删除"时间轴"面板中的"数字2"图层，在此处创建"数字3"图层，在舞台上输入文本数字"3"，设置字体为"Arial Black"，"大小"为"200 pt"，颜色为橘红色（#FF3300），居中与舞台对齐，如图3.2.47所示，在该图层的第24帧处插入关键帧，在第36帧处插入空白关键帧。

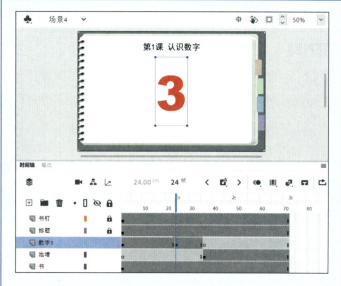

图3.2.47 输入数字"3"

STEP|02 将"数字3"图层第24帧处舞台上的数字"3"分离为形状；在第36帧处，从"库"面板中将"蝴蝶.png"图片对象拖入到舞台，覆盖数字"3"的位置；然后将蝴蝶转换为矢量图形，并创建第24～36帧之间的补间形状动画，实现数字"3"变蝴蝶的变形动画效果，如图3.2.48所示。

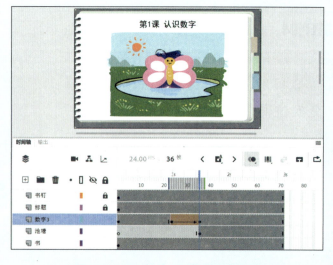

图3.2.48 数字"3"变形动画

STEP|03 将"池塘"图层重命名为"草地",交换舞台上的池塘图片对象为"背景 3.png"图片;在"数字 3"图层的第 42、48、54、60、66 帧处分别添加关键帧,如图 3.2.49 所示,用"任意变形工具"将第 42、54 和 66 帧处的蝴蝶宽度变小,完成蝴蝶的逐帧动画。保存文档,按 Ctrl+Enter 快捷键预览完成后的动画效果。

图 3.2.49 蝴蝶的逐帧动画

3.2.4 知识链接

1. 创建补间形状动画

步骤 1:在图层的特定帧处绘制一个形状,作为起始关键帧。如图 3.2.50 步骤 1 所示,在"数字 1"图层第 35 帧处输入一个数字"1"到左侧舞台外,将文本分离成形状。

步骤 2:选择同一图层的另外一帧处,添加结束关键帧(关键帧或空白关键帧)。如图 3.2.50 步骤 2 所示,在"数字 1"图层第 45 帧处按 F6 键添加关键帧。

步骤 3:在结束关键帧处修改之前的形状或重新添加新的形状。如图 3.2.50 步骤 3 所示,将复制的数字"1"拖动到舞台上。

步骤 4:在起始关键帧和结束关键帧之间的任意一帧处单击鼠标右键,选择"创建补间形状"命令(或选择时间轴控件中的"创建补间形状"命令),两个关键帧之间会出现浅橙色背景并出现一条从动画起始帧指向结束帧的箭头,这就表示补间形状动画已经创建成功了。如图 3.2.50 步骤 4 所示,在第 35 ~ 45 帧之间创建了补间形状后,数字"1"就实现了从舞台外移动到舞台内的动画。

2. 使用形状提示

补间形状动画制作起来很简单,但是中间的变化是由计算机控制的,有时中间的变化比较随意或混乱,并非制作者预期的变化过程,尤其是在起始帧与结束帧的形状差异较大时更为明显。如果想在变形过程中控制变形的形状,就需要用到"形状提示"的功能。使用形状提示,可以控制起始形状和结束形状中相对应的点,从而改善补间形状动画混乱的变形,对其进行有效的控制。

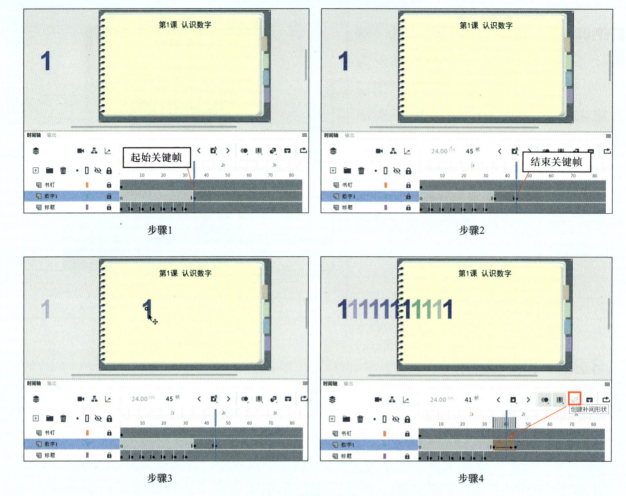

图 3.2.50 创建补间形状动画

（1）形状提示的作用

在"起始帧形状"和"结束帧形状"中添加相互对应的"控制点"，使 Animate 在计算补间形状的时候，依照新规则，对图像的某些位置进行保留或者延缓变形，从而控制变形过程，使变形过程中的形状与变形前后的形状能有所联系。如图 3.2.51 所示就是在相同帧处未添加形状提示和添加了形状提示对同一动画的不同变形状态。

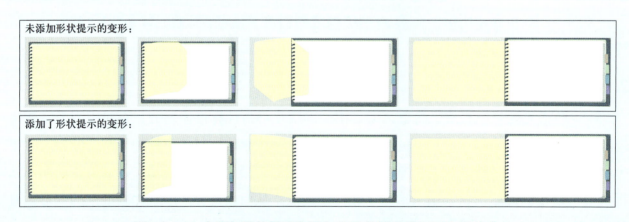

图 3.2.51 未添加形状提示和添加了形状提示的不同变形状态

（2）添加和删除形状提示的方法

步骤 1：若要添加形状提示，在补间形状动画的起始帧上选中舞台中的形状，如图 3.2.52 所示，单击"修改→形状→添加形状提示"命令。此时，在补间形状第 1 帧的形状实例上会出现一个带字母的红色圆圈。在结束帧形状中也会同时出现一个同字母的提示圆圈。

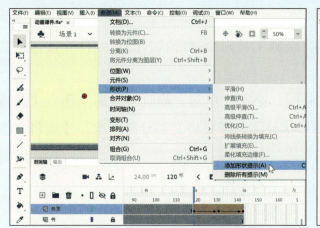

图 3.2.52　使用形状提示控制形状变化—步骤 1

步骤 2：用鼠标拖动提示圆圈，放置到适当位置。提示圆圈最好放置在形状边线或者交角处。在放置适当位置后，起始帧上的提示圆圈由红色变为黄色，效果如图 3.2.53 所示。结束帧上的提示圆圈变为绿色，放置不成功或者不在一条曲线上时，提示圆圈颜色不变。

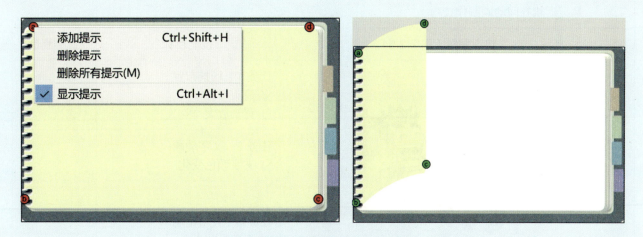

图 3.2.53　使用形状提示控制形状变化—步骤 2

要删除所有的形状提示，可以单击"修改→形状→删除所有提示"命令。若想删除单个形状提示，可以使用鼠标右键单击该形状提示，在弹出的菜单中选择"删除提示"命令即可。

（3）添加形状提示的技巧

① 形状提示点必须在添加了形状补间之后才可以添加。

② 可以连续添加多个形状提示点，但是最多可以添加 26 个。

③ 在添加形状提示点时务必前后形状对应添加，否则就达不到平滑过渡的效果。

④ 在添加形状提示的过程中，一旦单击了其他位置，导致提示点暂时不可见时，可再添加一个形状提示点，等原来的提示点显示后再删除多余提示点。

3. 补间形状动画制作技巧

① 构成补间形状动画的元素可以使用形状绘制工具来绘制形状，图形元件、按钮、文字、对象、组等不能被应用补间形状动画。

② 若要对组、实例或位图图像应用形状补间，必须先单击"修改→分离"命令（或按 Ctrl+B 快捷键）分离成形状；若要对文本应用形状补间，需要将文本分离两次，才能将文本转换为形状。

3.2.5 学习检测

	知 识 要 点	掌握程度
知识获取	理解补间形状的原理	
	掌握位置变化、大小变化、颜色变化、旋转补间形状创建方法	
	学会使用形状提示控制形状变化的方法	
	熟记形状补间动画制作技巧	
	实训案例（图 3.2.54）	技能目标	掌握程度
技能掌握	图 3.2.54 网站广告	任务 1 场景布置 ↘ 箭头平移 ↘ 背景放大 任务 2 文字动画 ↘ 文字颜色变化 任务 3 五角星动画 ↘ 五角星放大 ↘ 五角星变形	

说明："掌握程度"可分为三个等级："未掌握""基本掌握""完全掌握"，读者可分别使用"×""○""√"来呈现记录结果，以便以后的巩固学习。

3.3 传统补间动画

案例——电子日记

3.3.1 案例分析

1. 案例设计

传统补间是 Animate 的前身 Flash 早期用来创建动画的一种形式，虽然其控制性不如后来增加的新的补间动画，但鉴于其易用性和对 HTML5 Canvas 更友好的支持，现在依然是一种很重要的动画形式。传统补间动画可以记录元件实例的位置、大小、颜色、效果、滤镜及旋转等各种属性的变化。

本案例是利用传统补间动画技术制作的一个志愿者故事的电子日记：片头是电子日记名；第一幕是她第一次遇见正在扶老奶奶过马路的志愿者他；第二幕是她很多次遇见他在做各种各样的志愿者服务；第三幕是她终于加入他的行列，也成为一名光荣的志愿者。微光成炬，点亮城市最美"志愿红"。

2. 学习目标

理解传统补间动画的原理，了解传统补间动画的特点，熟练掌握创建传统补间动画的方法；掌握使用传统补间为对象创建位置、大小、颜色、效果、滤镜及旋转的动画效果。

3. 策划导图

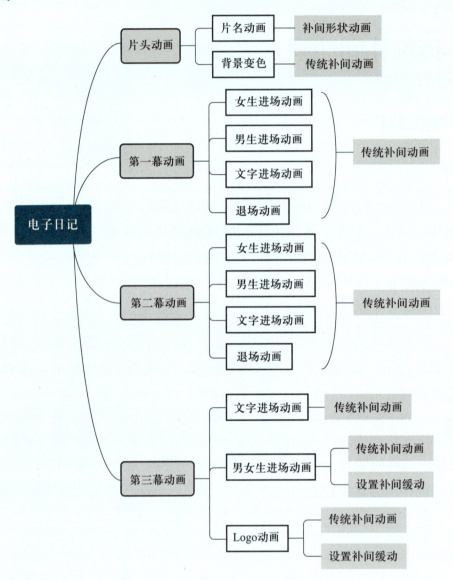

3.3.2 预备知识

传统补间动画

　　传统补间指在一个关键帧放置一个元件实例对象（实例对象简称为实例），然后在另一个关键帧上放置同一个元件实例并改变其大小、色彩、位置、方向等属性，Animate 自动在这两个关键帧之间的普通帧内插入中间状态形成动画，类似于传统动画中的原画和中间画。如图 3.3.1 所示，传统补间可以实现两个实例之间的颜色、位置、大小、旋转等各种过渡效果。

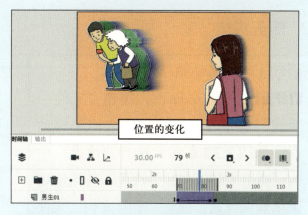

图 3.3.1 各种形式的传统补间动画

3.3.3 案例实施

任务 1 片头动画

1. 任务导航

任务目标	● 巩固补间形状动画的制作方法； ● 理解传统补间的原理； ● 掌握传统补间动画的创建方法
任务活动	活动 1：片名动画 活动 2：背景变色
素材资源	素材：模块 3\3.3\ 素材 源文件：模块 3\3.3\fla\3.3.1.fla

演示视频

2. 任务实施

活动1：片名动画

STEP|01 启动 Animate，单击"文件→新建"命令，打开"新建文档"对话框，如图 3.3.2 所示，选择"预设"中的"高清 1 280×720"选项，其他选项采用默认设置，创建一个新文档，文件保存为"电子日记.fla"。

图 3.3.2 新建文档"电子日记.fla"

STEP|02 单击"文件→导入→导入到舞台"命令（快捷键 Ctrl+R），打开"导入"对话框，如图 3.3.3 所示，选中素材文件夹中的"开头文字.png""男生头像.png""女生头像.png"三个图片文件，单击"打开"按钮，将它们导入到舞台。

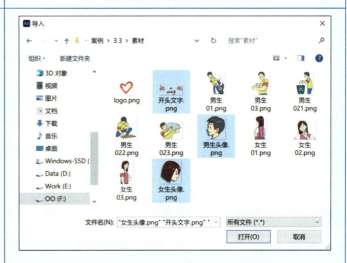

图 3.3.3 导入"开头文字 .png"等素材到舞台

STEP|03 默认在舞台上选中三个导入的图片对象，单击鼠标右键，选择"分散到图层"命令，将图片分散到各自图层中，如图 3.3.4 所示，图层名称自动采用图片名称："女生头像_png""男生头像_png"和"开头文字_png"。

图 3.3.4 分散到图层

STEP|04　将舞台上的"女生头像"和"男生头像"图片都等比例缩小到30%，开头文字图片放大到200%，且与舞台居中对齐。如图3.3.5所示，将女生头像和男生头像分别对应放置在开头文字中"她"和"他"这两个文字所在位置。

图 3.3.5　调整对象大小和位置

STEP|05　分别选中舞台上的"女生头像""男生头像"和"开头文字"位图图片，如图3.3.6所示，单击"修改→位图→转换位图为矢量图"命令，在弹出的"转换位图为矢量图"对话框中，默认所有参数值，单击"确定"按钮，将它们都转换为矢量图。

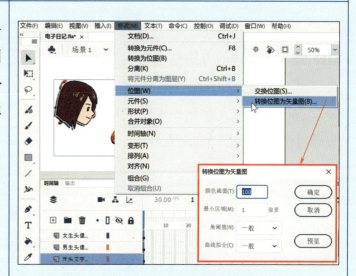

图 3.3.6　转换位图为矢量图

STEP|06　分别单击选中"女生头像_png"图层和"男生头像_png"图层的第1帧关键帧，拖曳到第35帧。如图3.3.7所示，并延续三个图层的动画时长到第60帧。

图 3.3.7　调整时长

STEP|07 在第 1 帧处，如图 3.3.8 所示，用鼠标框选开头文字中的"她"字，剪切该文字；选中"女生头像 _png"图层，单击"编辑→粘贴到当前位置"命令，将其粘贴到该图层第 1 帧舞台上的当前位置。

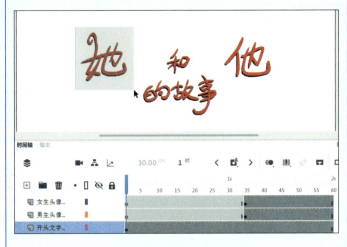

图 3.3.8 剪切"她"字

STEP|08 用同样的方法框选开头文字中的"他"字，剪切该文字，选中"男生头像 _png"图层，粘贴到该图层舞台上的当前位置，如图 3.3.9 所示。

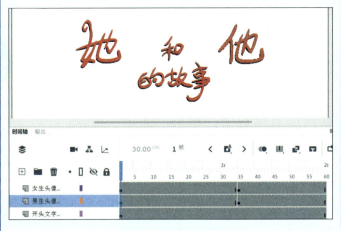

图 3.3.9 剪切"他"字

STEP|09 在"女生头像 _png"图层和"男生头像 _png"图层的第 20 帧处均插入关键帧，如图 3.3.10 所示，选中两个关键帧之间的任一帧，单击时间轴控件中的"创建补间形状"命令，创建两个图层在第 20 ~ 35 帧的补间形状动画，完成片名动画效果。

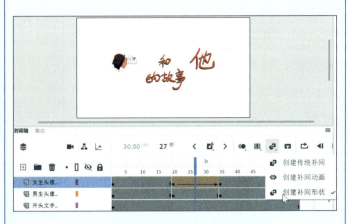

图 3.3.10 创建补间形状动画

活动 2：背景变色

STEP|01　在时间轴的最下层新建"背景"图层，用"矩形工具"绘制一个无边框色、填充色为浅黄色（#FFFF99）的矩形，如图 3.3.11 所示，选中该矩形，在"对齐"面板中设置其大小匹配舞台的宽和高，并完全覆盖舞台。

图 3.3.11　绘制背景矩形

STEP|02　按 F8 键将绘制好的矩形转换为图形元件，命名为"背景"。在"背景"图层的第 50 和 60 帧处分别插入关键帧，如图 3.3.12 所示，选中第 60 帧处舞台背景元件实例对象，在"对象"属性面板中修改其"色彩效果"选项中的"色调"为浅橙色"#FFBF86"。

图 3.3.12　添加关键帧

STEP|03　选中"背景"图层第 50～60 帧的任意一帧，如图 3.3.13 所示，单击时间轴控件中的"创建传统补间"命令，这时在这两个关键帧之间浅紫色补间区域内会出现一条从动画起始帧指向结束帧的箭头，拖动播放头，可以看到背景颜色由浅黄色渐渐变为浅橙色的动画效果。

图 3.3.13　选择"创建传统补间"

STEP|04 继续为此图层在第170帧和第180帧处添加关键帧，修改第180的填充色为浅绿色"#ABBF86"，创建第170～180帧的传统补间动画；最后在第290帧和第300帧处添加关键帧，第300帧处的填充色为浅蓝色"#81CDE7"，创建第290～300帧的传统补间动画。延续此图层动画时长到第420帧（即14秒）处，如图3.3.14所示。

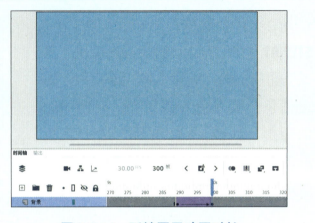

图3.3.14 延续图层动画时长

任务2 第一幕动画

1. 任务导航

任务目标	掌握使用传统补间为对象创建位置、颜色和滤镜属性的变化动画	演示视频
任务活动	活动1：女生进场动画； 活动2：男生进场动画； 活动3：文字进场动画； 活动4：退场动画	
素材资源	素材：模块3\3.3\fla\3.3.1.fla 源文件：模块3\3.3\fla\3.3.2.fla	

2. 任务实施

活动1：女生进场动画

STEP|01 在"时间轴"面板上新建一个图层文件夹，重命名为"片头"，将"女生头像_png""男生头像_png"和"开头文字_png"三个图层选中后一起拖入此图层文件夹内，如图3.3.15所示。

图3.3.15 图层归类

STEP|02 再新建一个图层文件夹"第一幕",创建三个新图层"文字 01""男生 01""女生 01",拖入"第一幕"图层文件夹内,如图 3.3.16 所示,单击"文件→导入→导入到库"命令,将本任务素材文件夹中剩下的图片全部导入到库中。

图 3.3.16 导入"女生 01.png"等素材图片

STEP|03 将"时间轴控件"中插入帧组按钮切换到"自动关键帧"功能。选中"女生 01"图层的第 60 帧,如图 3.3.17 所示,从"库"面板中拖入"女生 01.png"图片到舞台上,在第 60 帧处自动添加关键帧。

图 3.3.17 拖入"女生 01.png"到舞台

STEP|04 关闭"第一幕"图层文件夹"片头"的显示,如图 3.3.18 所示,选中"女生 01"图片,按 F8 键转换为影片剪辑元件"女生 01",并等比例缩小到 50%,放置在舞台的右侧。

> **小提示:**
> 关闭图层文件夹的显示,即是关闭了该图层文件夹内所有图层的显示。

图 3.3.18 转换元件-"女生 01"

STEP|05　选中"女生01"实例对象，如图3.3.19所示，打开"对象"属性面板，先单击"滤镜"选项右侧的"添加滤镜"按钮，在弹出菜单中先添加"发光"滤镜，设置"强度"为"1 000%"，"颜色"为白色，模糊值均为"8"；再添加"投影"滤镜，参数不变，给该实例添加一个纸片人的效果。

图 3.3.19　添加滤镜—"女生01"

STEP|06　继续在"对象"属性面板中单击"滤镜"选项右侧的"选项"按钮，如图3.3.20所示，选择弹出菜单中的"另存为预设"命令，打开"将预设另存为"对话框，命名为"纸片效果"，单击"确定"按钮，保存预设效果。

> **小提示:**
> 　　由于后面需要给其他实例也添加同样的滤镜效果，所以可以将刚才设置的参数存为预设效果，以供其他实例调用。

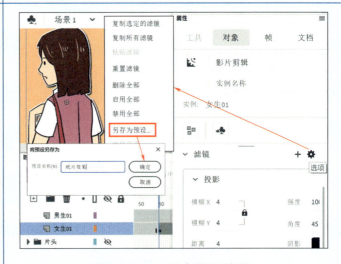

图 3.3.20　保存预设效果

STEP|07　在"女生01"图层的第75帧处添加关键帧，如图3.3.21所示，在第60帧处，将舞台上的"女生01"实例对象稍向右移动一段距离；并在"对象"属性面板中将其"色彩效果"中的"Alpha"值调整为0，使其完全透明；最后创建第60～75帧的传统补间动画，完成"女生01"进场动画。

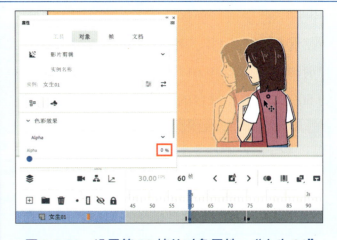

图 3.3.21　设置第60帧处对象属性—"女生01"

活动 2：男生进场动画

STEP|01　选中"男生 01"图层，在第 70 帧处，将"库"面板中的"男生 01.png"图片拖入舞台，此帧自动转换为关键帧。如图 3.3.22 所示，将该图片对象大小缩小到 40% 并转换为影片剪辑元件"男生 01"，单击"对象"属性面板中"滤镜"选项后的"选项"按钮，在弹出的菜单中选择"纸片效果"，将该预设滤镜应用在此实例对象上。

图 3.3.22　设置实例对象—"男生 01"

STEP|02　将播放头移动到第 85 帧，向左拖动舞台上的"男生 01"实例对象稍移动一小段距离，如图 3.3.23 所示，在第 85 帧处自动创建关键帧。

图 3.3.23　添加关键帧—"男生 01"

STEP|03　设置"男生 01"图层第 70 帧处舞台上实例对象的 Alpha 值为 0，使其完全透明，创建第 70~85 帧的传统补间动画，完成"男生 01"进场动画，如图 3.3.24 所示。

图 3.3.24　创建传统补间动画—"男生 01"

活动 3：文字进场动画

STEP|01 选中"文字 01"图层，在第 80 帧处用"文本工具"在舞台上输入文字"她第一次遇见他…"，如图 3.3.25 所示，在"对象"属性面板中设置文字的字体为"华文新魏"，"大小"为"80 pt"，颜色为白色，并添加默认参数的"投影"滤镜效果，该帧自动转换为关键帧。

图 3.3.25 在"文字 01"图层上输入文字

STEP|02 将"文字 01"图片转换为影片剪辑元件"文字 01"，如图 3.3.26 所示，在第 95 帧处拖动"文字 01"实例对象稍向右下方移动一点，自动生成关键帧。

图 3.3.26 添加关键帧—"文字 01"

STEP|03 返回第 80 帧，选中舞台上的"文字 01"实例对象，如图 3.3.27 所示，在"对象"属性面板中设置其 Alpha 值为 0，使其完全透明，并添加"模糊"滤镜效果，模糊值设置为"20"；最后创建第 80~95 帧的传统补间动画，完成"文字 01"进场动画。

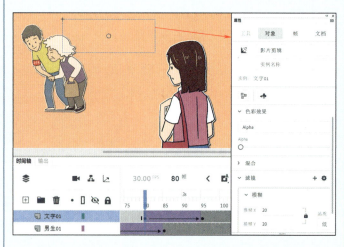

图 3.3.27 创建传统补间动画—"文字 01"

活动 4：退场动画

STEP|01　在"第一幕"图层文件夹下三个图层的第 170 帧处均按 F6 键插入关键帧，在三个图层的第 181 帧处均按 F7 键插入空白关键帧，如图 3.3.28 所示。

图 3.3.28　插入关键帧—退场动画

STEP|02　将播放头拖动到第 180 帧，如图 3.3.29 所示，将三个图层对应舞台上的三个实例对象分别向上、向左和向右拖出舞台外，最后分别创建三个图层第 170～180 帧的传统补间动画，完成第一幕的退场动画。

图 3.3.29　第一幕退场动画

任务 3　**第二幕动画**

1. 任务导航

任务目标	掌握使用传统补间为对象创建大小属性变化动画	
任务活动	活动 1：女生进场动画； 活动 2：男生进场动画； 活动 3：文字进场动画； 活动 4：退场动画	演示视频
素材资源	素材：模块 3\3.3\fla\3.3.2.fla 源文件：模块 3\3.3\fla\3.3.3.fla	

2. 任务实施

活动1：女生进场动画

STEP|01 在"时间轴"面板上关闭"第一幕"图层文件夹的显示，新建图层文件夹"第二幕"，创建5个新图层："女生02""男生021""男生022""男生023""文字02"，分别拖入到"第二幕"图层文件夹内，如图3.3.30所示，将"库"面板中的"女生02.png"图片对象拖入"女生02"图层第180帧处的舞台上，自动生成关键帧。

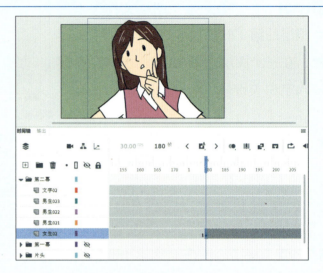

图 3.3.30 拖入"女生02.png"到舞台

STEP|02 将舞台上的"女生02"图片对象等比例缩小至50%，摆放在舞台下方中间位置，并转换为影片剪辑元件"女生02"；如图3.3.31所示，为此实例对象应用"纸片效果"预设滤镜效果，在该图层的第195帧处添加关键帧。

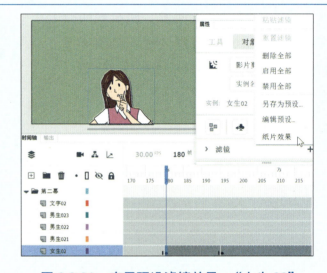

图 3.3.31 应用预设滤镜效果—"女生02"

STEP|03 回到第180帧，选中舞台上的"女生02"实例对象，如图3.3.32所示，稍向下方舞台外拖动一段距离，并且修改其Alpha值为0，使其完全透明，最后添加第180~195帧的传统补间动画，完成"女生02"进场动画。

图 3.3.32 设置关键帧处实例属性—"女生02"

活动 2：男生进场动画

STEP|01 从"库"面板中分别将"男生 021.png"图片对象拖入"男生 021"图层第 190 帧、"男生 022.png"图片拖入"男生 022"图层第 200 帧、"男生 023.png"图片拖入"男生 023"图层第 210 帧处的舞台上，如图 3.3.33 所示。

图 3.3.33 拖入"男生 021"等图片对象到舞台

STEP|02 分别将"男生 021""男生 022"、"男生 023"这三个图层关键帧处舞台上的图片对象等比例缩小到 40%，且转换为同名的影片剪辑元件，如图 3.3.34 所示，给三个影片剪辑元件均应用"纸片效果"预设滤镜效果。

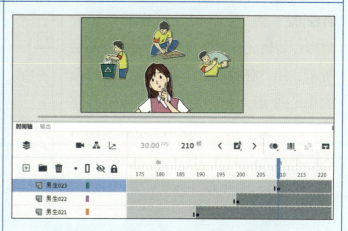

图 3.3.34 设置"男生 021"等实例属性

STEP|03 在"男生 021"图层的第 205 帧、"男生 022"图层的第 215 帧、"男生 023"图层的第 225 帧处均插入关键帧。如图 3.3.35 所示，将第 190 帧处舞台上"男生 021"实例、第 200 帧处舞台上的"男生 022"实例和第 210 帧处舞台上的"男生 023"实例对象大小等比例缩小至"1.0%"，且 Alpha 值设置为 0，使其完全透明。最后创建这三个图层两两关键帧之间的传统补间动画，完成男生进场动画。

图 3.3.35 创建"男生 021"等实例对象传统补间动画

活动 3：文字进场动画

STEP|01 选中"文字 02"图层，在第 220 帧处用"文本工具"在舞台上输入文字"她很多次遇见他…"，如图 3.3.36 所示，在"对象"属性面板中设置文字的字体为"华文新魏"、"大小"为"80 pt"，颜色为白色，并添加默认参数的"投影"滤镜效果，该帧自动转换为关键帧。

图 3.3.36 在"文字 02"图层输入文字

STEP|02 将"文字 02"图片对象转换为影片剪辑元件"文字 02"，如图 3.3.37 所示，用"任意变形工具"将实例对象的中心变形点拖到左侧边手柄中心位置。在"文字 02"图层第 235 帧处插入关键帧。

图 3.3.37 改变中心变形点位置

STEP|03 返回第 220 帧，选中舞台上的"文字 02"实例对象，将其大小等比例缩小到 10%，在"对象"属性面板中调整其 Alpha 值为 0，使其完全透明；最后如图 3.3.38 所示，创建第 220～235 帧的传统补间动画，完成"文字 02"进场动画。

图 3.3.38 创建"文字 02"传统补间动画

活动 4：退场动画

STEP|01　同时选中"第二幕"图层文件夹下所有图层，如图 3.3.39 所示，在第 290 帧处均插入关键帧，在第 301 帧处均插入空白关键帧。

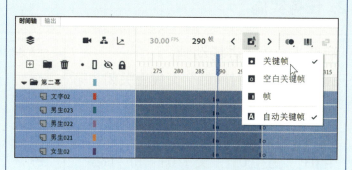

图 3.3.39　插入关键帧—退场动画

STEP|02　将播放头拖动到第 300 帧，如图 3.3.40 所示，将 5 个图层所对应舞台上的实例对象均调整 Alpha 值为 0，自动生成关键帧，最后分别创建 5 个图层第 290～300 帧的传统补间动画，完成第二幕的退场动画。

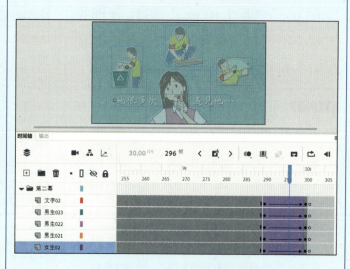

图 3.3.40　第二幕退场动画

Flash 任务 4　**第三幕动画**

1. 任务导航

任务目标	• 掌握使用传统补间为对象创建旋转变化动画； • 学会设置补间缓动效果	
任务活动	活动 1：文字进场动画 活动 2：男女生进场动画； 活动 3：Logo 动画	演示视频
素材资源	素材：模块 3\3.3\fla\3.3.3.fla 源文件：模块 3\3.3\fla\ 电子日记 .fla	

2. 任务实施

活动1：文字进场动画

STEP|01 在"时间轴"面板上关闭"第二幕"图层文件夹的显示，新建图层文件夹"第三幕"，创建4个新图层："女生03""男生03""文字03"和"Logo"，都拖入"第三幕"图层文件夹内，如图3.3.41所示，将"库"面板中的"女生03.png""男生03.png"图片分别拖入对应图层第300帧处的舞台上，等比例缩小到50%，自动生成关键帧。

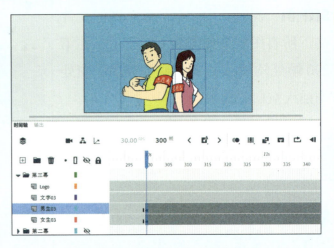

图3.3.41 拖动图片对象到舞台

STEP|02 选中"文字03"图层，在第300帧处用"文本工具"在舞台上输入文字"她终于成为了他"，如图3.3.42所示，在"对象"属性面板中设置文字的字体为"华文新魏"、大小为"80 pt"，颜色为白色，并添加默认参数的"投影"滤镜效果，将该帧自动转换为关键帧。

图3.3.42 输入文字

STEP|03 将"文字03"图片对象转换为影片剪辑元件"文字03"，在第315帧处插入关键帧。返回第300帧，选中舞台上的"文字03"实例对象，在其属性面板中调整Alpha值为0，使其完全透明，并添加"模糊"滤镜效果，模糊值设置为"20"；如图3.3.43所示，创建第300～315帧的传统补间动画，完成"文字03"进场动画。

图3.3.43 创建"文字03"传统补间动画

活动 2：男女生进场动画

STEP|01　将第 300 帧处舞台上的男生图片对象转换为影片剪辑元件，命名为"男生 03"且应用"纸片效果"预设滤镜，自动生成关键帧。如图 3.3.44 所示，在此图层的第 315 帧处也插入关键帧。

图 3.3.44　在第 315 帧处插入关键帧

STEP|02　回到第 300 帧，将舞台上的"男生 03"实例对象向左拖出舞台外，且设置其 Alpha 值为 0，使其完全透明，如图 3.3.45 所示，再创建第 300 ~ 315 帧的传统补间动画。

图 3.3.45　创建"男生 03"传统补间动画

STEP|03　选中"男生 03"图层传统补间段中的任意一帧，展开"属性"面板中"帧"选项卡的"补间"选项，如图 3.3.46 所示，默认"缓动"类型为"属性（一起）"，单击"效果"选项中的"缓动效果"按钮，在打开的缓动预设窗口中选择"Classic Ease-in"传统缓动，拖动"强度"值为"-100"，双击确认选项。拖动播放头预览动画，此时男生朝着动画的结束方向加速运动。

小提示：

　　拖动"缓动"字段中的值或输入一个值可调整补间帧之间的变化速率；输入一个介于 -1 和 -100 之间的负值，动画加速运动；输入一个介于 1 到 100 之间的正值，动画减速运动。

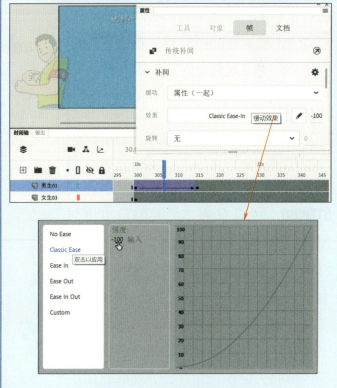

图 3.3.46　设置缓动效果

STEP|04 仍然选中"男生03"图层传统补间段中的任意一帧，如图3.3.47所示，单击"编辑→时间轴→复制动画"命令，复制刚才制作的"男生03"实例对象的出场动画。

小提示：

可以使用"复制动画"命令来复制已经制作好的传统补间，再用"选择性粘贴动画"命令只粘贴要应用于其他对象的特定属性。

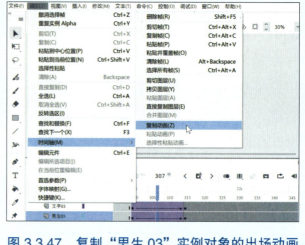

图3.3.47 复制"男生03"实例对象的出场动画

STEP|05 将第300帧处舞台上女生图片对象转换为影片剪辑元件"女生03"，并单击"编辑→时间轴→选择性粘贴动画"命令，如图3.3.48所示，在打开的"粘贴特殊动作"对话框中取消勾选"X位置"属性的复选框，单击"确定"按钮，将其他属性粘贴到该元件实例上。

小提示：

在"粘贴特殊动作"对话框中：

"X位置"属性是对象在x方向上移动的距离。

"Y位置"属性是对象在y方向上移动的距离。

图3.3.48 选择性粘贴动画—"女生03"

STEP|06 可以看到"女生03"实例对象的传统补间动画已经创建好了，只需将第300帧处的该实例对象拖到右侧舞台外，就完成"女生03"实例对象出场动画，如图3.3.49所示，最后在时间轴上多余的第316帧处单击鼠标右键，选择"清除关键帧"命令，并删除该图层第420帧后的多余帧。

图3.3.49 清除多余关键帧

活动 3：Logo 动画

STEP|01 选中"Logo"图层，在第 315 帧处将库中的"Logo.png"图片对象拖入舞台上，转换为影片剪辑元件"Logo"，并应用"纸片效果"预设滤镜，如图 3.3.50 所示，此处自动生成关键帧，在第 330 帧处也插入关键帧。

图 3.3.50　在第 330 帧处插入关键帧

STEP|02 回到第 315 帧，如图 3.3.51 所示，将舞台上的"Logo"实例大小缩小到 1%，透明度 Alpha 值设置为 0。然后创建此图层第 315～330 帧的传统补间动画。

图 3.3.51　设置关键帧处实例属性—"Logo"

STEP|03 选中"Logo"图层传统补间段中的任意一帧，展开"属性"面板中"帧"选项卡的"补间"选项，如图 3.3.52 所示，先设置"帧"补间中"旋转"属性为"顺时针"旋转"2"圈；然后选择"缓动"类型为"属性（单独）"，单击下面"旋转"属性"缓动效果"按钮，在打开的缓动预设窗口中选择"Ease Out"结束缓冲类别，双击应用"Back"倒退缓冲选项，关闭属性面板。

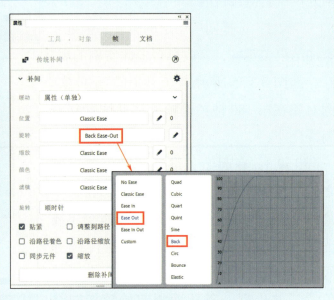

图 3.3.52　创建传统补间动画—"Logo"

STEP|04 在时间轴上打开所有图层文件夹的显示，如图 3.3.53 所示，保存文档，按 Ctrl+Enter 快捷键预览完成后的动画效果。

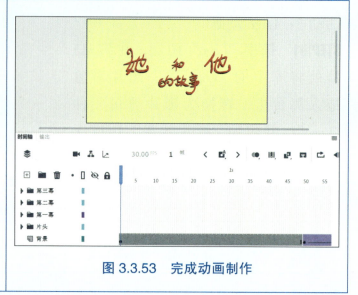

图 3.3.53 完成动画制作

3.3.4 知识链接

1. 创建传统补间动画

步骤 1：在图层的特定帧处创建关键帧，作为起始关键帧，将元件实例放入舞台，并设置好此实例的初始属性，如位置、大小、颜色等。如图 3.3.54 所示，"女生 01" 元件实例对象在第 170 帧关键帧处位于右侧舞台内。

步骤 2：选择同一图层的另外一帧处，添加结束关键帧，修改舞台上此实例的属性。如图 3.3.55 所示，"女生 01" 元件实例对象在第 180 帧关键帧处移动位置到右侧舞台外。

步骤 3：在起始关键帧和结束关键帧之间的任意一帧处单击鼠标右键，在弹出菜单中选择"创建传统补间"命令（或选择"时间轴控件"中的"创建传统补间"命令），两个关键帧之间会变为浅紫色背景并出现一条从动画起始帧指向结束帧的箭头，这就表示传统补间动画已

图 3.3.54 起始关键帧

图 3.3.55 结束关键帧

经创建成功了。如图 3.3.56 所示，在第 170～180 帧创建了传统补间后，"女生 01"实例对象就实现了从舞台内移到舞台外的动画。

2. 设置传统补间属性

选择起始帧和结束帧之间的任意一帧，在"属性"面板中可以设置补间动画的缓动、旋转以及支持沿路径运作等属性，如图 3.3.57 所示。

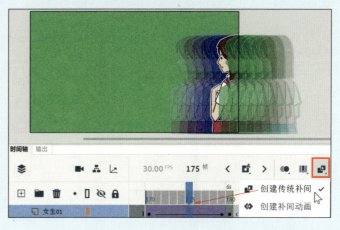

图 3.3.56　创建"女生 01"传统补间动画

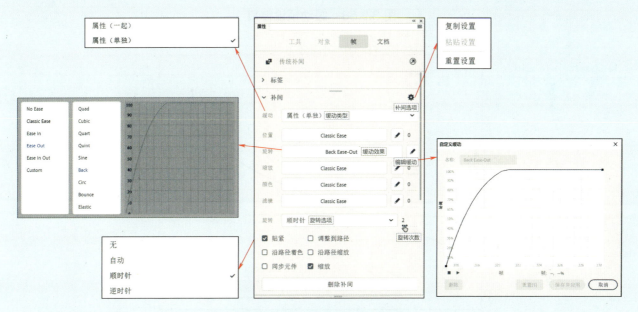

图 3.3.57　帧"补间"属性

默认情况下，补间动画补间帧之间的变化速率是不变的，若要产生更逼真的动画效果，可对传统补间应用缓动属性，缓动可以通过逐渐调整变化速率创建更为自然的加速或减速效果。

- 缓动类型：下拉列表中包括"属性（一起）"和"属性（单独）"两个选项，可以为对象的位置、旋转、缩放、颜色、滤镜属性一起设置或分开单独设置缓动。
- 缓动效果：单击每个属性的"缓动效果"按钮，打开缓动预设窗口，如图 3.3.58 所示，可以从中选择预设好的各种缓动效果，双击应用到对象上。
- 编辑缓动：单击"编辑缓动"按钮，打开"自定义缓动"对话框，如图 3.3.59 所示，可以更精确地控制传统补间的速度。

"自定义缓动"对话框显示一个表示运动程度随时间而变化的图形。水平轴表示帧，垂直轴表示变化的百分比。第一个关键帧表示为 0%，最后一个关键帧表示为 100%。

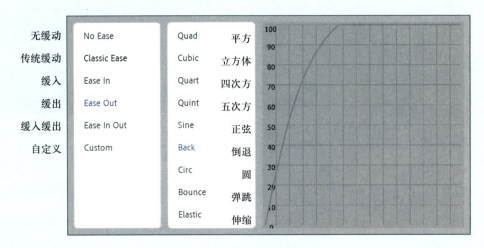

图 3.3.58 缓动预设窗口

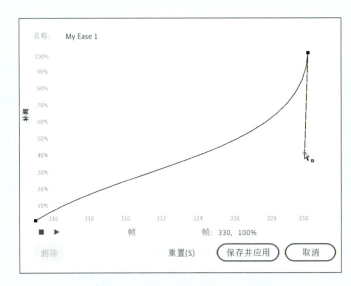

图 3.3.59 "自定义缓动"对话框

图形曲线的斜率表示对象的变化速率，向上拖动控制点可增加对象的速度；向下拖动控制点可降低对象的速度；按住 Ctrl 键的同时单击对角线可添加控制点。

- 旋转：在补间期间旋转选定项目，"旋转选项"菜单包括以下选项：

无（默认设置）：防止旋转。

自动：在需要最少动作的方向上将对象旋转一次。

顺时针／逆时针：按顺时针／逆时针旋转对象，并输入一个指定旋转次数的数值。

3. 传统补间动画的制作技巧

（1）构成传统补间动画的对象必须是元件实例，包括影片剪辑、图形元件、按钮、文字、位图和组合等；不能是形状，只有把形状"组合"或转换为"元件"后，才可以创建传统补间动画。

（2）创建传统补间动画需要建立起始关键帧和结束关键帧，而且两个关键帧处一般是同一元件实例对象，如果是不同的元件实例对象，虽然也能建立补间，但补间效果难以达到要求。

（3）两个关键帧处的内容都只允许一个元件实例对象，如果有多个对象要创建传统补间，应该把它们放在不同的图层上。

（4）在对滤镜变化创建传统补间的时候，两个关键帧的元件实例对象必须使用的是同一种滤镜。

3.3.5　学习检测

	知　识　要　点	掌握程度
知识获取	理解传统补间动画的原理	
	熟练掌握创建传统补间动画的方法	
	掌握使用传统补间为对象创建位置、大小、颜色、效果、滤镜及旋转的动画效果	
	学会设置补间缓动效果	

	实训案例（图 3.3.60）	技能目标	掌握程度
技能掌握	 图 3.3.60　校园日志	任务 1　片头动画 ↘ 片名动画 ↘ 背景变色	
		任务 2　第一幕动画 ↘ 人物进场 ↘ 文字进场 ↘ 出场动画	
		任务 3　第二幕动画 ↘ 人物进场 ↘ 文字进场 ↘ 出场动画	
		任务 4　第三幕动画 ↘ 人物进场 ↘ 文字进场	

说明："掌握程度"可分为三个等级："未掌握""基本掌握""完全掌握"，读者可分别使用"×""○""√"来呈现记录结果，以便以后的巩固学习。

3.4 补间动画
案例——"共创美好生态城市"宣传片

3.4.1 案例分析

1. 案例设计

Animate 支持两种用于元件的补间动画形式——传统补间和补间动画。补间动画是在传统补间的基础上发展起来的一种新的补间形式，它具有与传统补间类似的作用，但其控制性更强，可调节的参数更加多样化、直观化，甚至可以看到每帧的运动轨迹。而且在 Animate 中如果想快速地创建动画，可以利用其预先配置的补间动画——动画预设功能。

本案例将利用补间动画以及动画预设技术制作一个共创美好生态城市的公益宣传片：在以汉秀剧场为代表的城市景观上，叠加知音号、电视塔、江豚、琴台剧院等具有标志性且层次丰富的卡通城市元素动画，最后出现"共创美好生态城市"的公益标语。展现城市生态魅力，共创美好生态城市。

2. 学习目标

理解补间动画的原理，了解补间动画的特点，熟练掌握位置、缩放、倾斜、旋转、颜色等补间动画的创建方法以及使用动画编辑器添加缓动的方法。理解动画预设的概念，掌握动画预设的应用方法，学会自定义动画预设并应用。

3. 策划导图

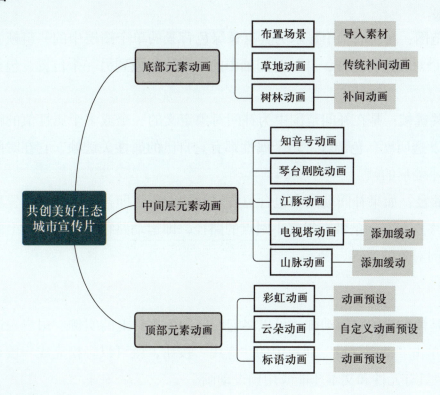

3.4.2　预备知识

1. 补间动画

补间动画是通过为不同帧中的对象属性指定不同的值而创建的动画。在需要变化的帧上修改对象属性后，计算机会自动在该帧上生成属性关键帧而不需要手动创建。如图 3.4.1 所示，补间动画中有以下基本概念：

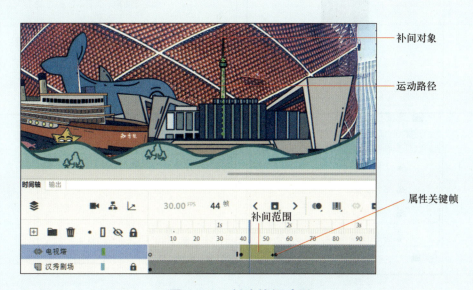

图 3.4.1　创建补间动画

（1）**补间对象**：在每个补间范围中，只能对舞台上的一个对象进行动画处理。此对象也被称为目标对象。

（2）**补间范围**：在时间轴中显示为具有黄绿色背景的单个图层中的一组帧，可将这些补间范围作为单个对象进行选择，并从时间轴中的一个位置拖到另一个位置，包括拖到另一个图层。

（3）**属性关键帧**：是在补间范围中为补间对象定义的一个或多个属性值的帧。这些属性可能包括位置、透明度、色调等。每个属性都有它自己的属性关键帧，它在时间轴上呈现为带有一个黑色小菱形的帧。

（4）**运动路径**：如果补间动画中包含位置属性的变化，即补间对象有位置移动，那么在移动的起点和终点会有一条带有很多小圆点的路径，即运动路径。运动路径上的小圆点就表示每个帧中补间对象的位置。

2．动画预设

动画预设是预配置的补间动画，可以将它们应用于舞台上的实例。用户先选择舞台上的实例对象，再单击"动画预设"面板中的"应用"按钮，就可以轻松完成一段补间动画的制作。Animate 中只有元件和文本才能应用预设动画。

"动画预设"面板中包含两个文件夹，如图 3.4.2 所示，一个是"默认预设"文件夹，用于放置 32 个 Animate 预先设置好的动画效果，单击任意一个动画预设的项目名称，例如

图 3.4.2 "动画预设"面板

"脉搏"，可以在预览框内看到该项动画预设的演示效果；另一个是"自定义预设"文件夹，用于放置用户自定义的动画效果，当用户设置好一段补间动画后，单击左下角的"将选区另存为预设"按钮 田，就可以把这段动画效果存为一个自定义的动画预设，自定义的动画预设是不可预览的。

3.4.3　案例实施

任务 1　**底部元素动画**

1. 任务导航

任务目标	• 巩固传统补间动画的制作方法； • 理解补间动画的原理； • 掌握补间动画的创建方法	演示视频
任务活动	活动 1：布置场景； 活动 2：草地动画； 活动 3：树林动画	
素材资源	素材：模块 3\3.4\ 素材 源文件：模块 3\3.4\fla\3.4.1.fla	

2. 任务实施

活动 1：布置场景

STEP|01　启动 Animate，单击"文件→新建"命令，打开"新建文档"对话框。如图 3.4.3 所示，选择"预设"中的"高清 1280×720"选项，其他选项采用默认设置，创建一个新文档，文件保存为"公益宣传片 .fla"。

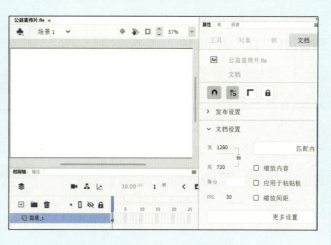

图 3.4.3　新建文档"公益宣传片 .fla"

STEP|02 单击"文件→导入→导入到舞台"命令，导入"素材"文件夹中的"汉秀剧场.jpg"到舞台，打开"变形"面板，调整"缩放宽度"为"53.0%"，"缩放高度"为"60.0%"，然后如图3.4.4所示，将图片中汉秀剧场的建筑物置于舞台的中间位置，且在"编辑栏"中调整舞台显示比例为"50%"，单击"舞台居中"和"剪切舞台范围以外的内容"按钮。

图 3.4.4　导入图片到舞台

STEP|03 单击"文件→导入→打开外部库"命令，打开"素材"文件夹中"素材源文件.fla"的"库"面板，如图3.4.5所示，全选该库中全部元素，一次性拖入"公益宣传片.fla"到"库"面板中。

图 3.4.5　打开外部库

活动2：草地动画

STEP|01 在"时间轴"面板中将"图层_1"图层重命名为"汉秀剧场"，延续图层时长到第165帧。新建图层，重命名为"草地"，如图3.4.6所示，从"库"面板中将"草地"图形元件拖入舞台，放置在汉秀剧场建筑物红色顶的底部位置。

图 3.4.6　拖入"草地"图形元件

STEP|02　选中"草地"图层的第 10 帧，单击"时间轴控件"中的"插入关键帧"按钮，在第 10 帧处插入关键帧。如图 3.4.7 所示，选中此图层第 1 帧处舞台上的"草地"实例，在"对象"属性面板中，调整 Alpha 值为 0，使实例对象透明。

图 3.4.7　调整"草地"实例 Alpha 值

STEP|03　选中"草地"图层的第 1 帧关键帧，如图 3.4.8 所示，单击"时间轴控件"中的"创建传统补间"选项，创建第 1～10 帧、"草地"实例对象由透明到出现的动画效果。

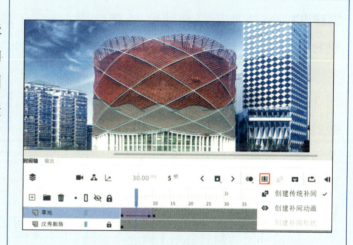

图 3.4.8　调整时长

活动 3：树林动画

STEP|01　新建图层，重命名为"树林"，在此图层的第 5 帧处插入空白关键帧，如图 3.4.9 所示，从"库"面板中将"树林"图形元件拖入舞台，放置在草地背景靠下方位置，在此图层第 5 帧处转换为关键帧。

图 3.4.9　拖入"树林"图形元件到舞台

STEP|02　选中"树林"图层的第5帧关键帧，如图3.4.10所示，单击"插入→创建补间动画"命令，为该实例对象创建补间动画。创建后的图层补间范围变为黄绿色背景，此图层的图标也变为补间图层图标 ◆◆。

小提示：

如果该图层上除选定对象之外没有其他任何对象，则该图层更改为补间图层。

图3.4.10　创建"树林"实例对象补间动画

STEP|03　将播放头移动到第15帧，用鼠标拖动舞台上的补间对象（"树林"实例对象）向左上方移动一段距离，如图3.4.11所示，在"树林"图层的第15帧处会自动添加一个黑色菱形点的属性关键帧，且舞台上会出现一段从起始位置到终点位置的运动路径。

小提示：

一段补间动画只有第1帧一个关键帧，其他都是普通帧或属性关键帧。

图3.4.11　在第15帧处添加属性关键帧

STEP|04　用鼠标右键单击"树林"图层第15帧属性关键帧，如图3.4.12所示，选择快捷菜单中的"插入关键帧→颜色"命令。

小提示：

通过移动操作，在第15帧时仅改变了补间对象的位置属性，如果想让此对象的透明度发生变化，需要在关键帧处添加颜色属性。

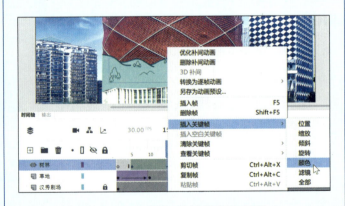

图3.4.12　添加关键帧颜色属性

STEP|05　选中第 5 帧舞台上的补间对象，如图 3.4.13 所示，在其"属性"面板"对象"选项卡的"色彩效果"选项中设置 Alpha 透明度的值为 0；设置第 15 帧处舞台上的补间对象 Alpha 值为 100%。拖动播放头预览第 5~15 帧的动画效果，可以看到"树林"实例同时发生了透明度和位置的变化。

图 3.4.13　设置"树林"实例对象色彩效果

任务 2　中间层元素动画

1. 任务导航

任务目标	● 掌握创建位置、缩放和旋转等属性变化补间动画； ● 学会使用动画编辑器添加预设缓动效果	
任务活动	活动 1：知音号动画； 活动 2：琴台剧院动画； 活动 3：江豚动画； 活动 4：电视塔动画； 活动 5：山脉动画	演示视频
素材资源	素材：模块 3\3.4\fla\3.4.1.fla 效果：模块 3\3.4\fla\3.4.2.fla	

2. 任务实施

活动 1：知音号动画

STEP|01　在"时间轴"面板上新建一个图层，重命名为"知音号"，将此图层拖至"草地"图层的下方，如图 3.4.14 所示，在此图层的第 15 帧处创建空白关键帧，将"库"面板中的"知音号"影片剪辑元件拖入舞台草地背景左上方，且宽、高等比列缩小至 45%。

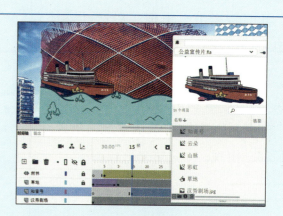

图 3.4.14　拖动"知音号"元件到舞台

STEP|02 选中"知音号"图层的第 15 帧关键帧，如图 3.4.15 所示，单击时间轴控件中的"创建补间动画"命令，为该实例对象创建补间动画。

图 3.4.15　创建"知音号"实例对象补间动画

STEP|03 鼠标右键单击"知音号"图层第 25 帧，如图 3.4.16 所示，在弹出的快捷菜单中选择"插入关键帧→位置"命令，为此处添加一个属性关键帧。

小提示：

　　可以在补间范围内为目标对象定义一个或多个属性值的帧。属性包括位置、缩放、倾斜、旋转、颜色、滤镜等。

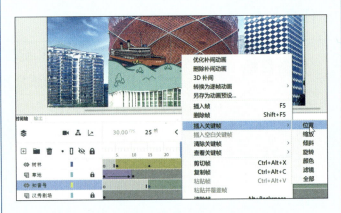

图 3.4.16　在第 25 帧处插入属性关键帧

STEP|04 播放头移动到第 15 帧，将舞台上的补间对象向右下方拖动到草地后。此时舞台上会出现一段运动路径，如图 3.4.17 所示，用鼠标靠近此路径拖曳，调整直线路径为弧线。拖动播放头预览第 15～25 帧的动画效果，可以看到"知音号"实例对象从草地后沿弧线路径移动出现。

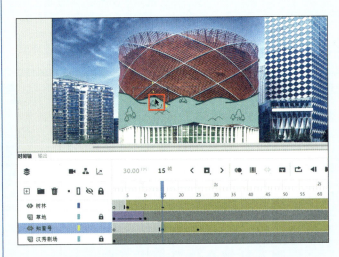

图 3.4.17　调整"知音号"实例对象运动路径

活动2：琴台剧院动画

STEP|01　锁定全部图层，在"汉秀剧场"图层上新建一个图层，重命名为"琴台剧院"，如图 3.4.18 所示，在此图层的第 25 帧处创建空白关键帧，将"库"面板中的"琴台剧院"影片剪辑元件拖入舞台草地背景右上方，且宽、高等比例缩小至 52%。

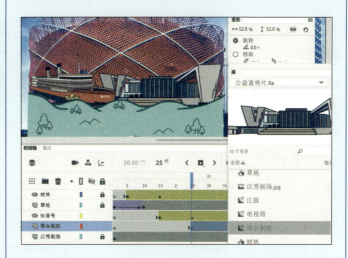

图 3.4.18　拖动"琴台剧院"元件到舞台

STEP|02　在"工具"面板中选择"任意变形工具"，单击舞台上的"琴台剧院"实例对象，如图 3.4.19 所示，将实例对象的变形点拖曳到边手柄上，然后在"琴台剧院"图层第 25 帧关键帧处单击鼠标右键，选择快捷菜单中的"创建补间动画"命令，为该实例对象创建补间动画。

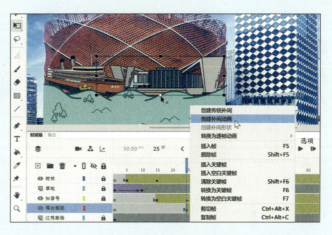

图 3.4.19　创建"琴台剧院"实例对象补间动画

STEP|03　在"琴台剧院"图层的第 35 帧处单击鼠标右键，在快捷菜单中选择"插入关键帧→缩放"命令，在此处添加一个属性关键帧。回到第 25 帧处，如图 3.4.20 所示，选中舞台上的补间对象，在"变形"面板中将其宽、高等比例缩小至 1%。拖动播放头预览第 25 ~ 35 帧的动画效果，可以看到"琴台剧院"实例对象放大的动画效果。

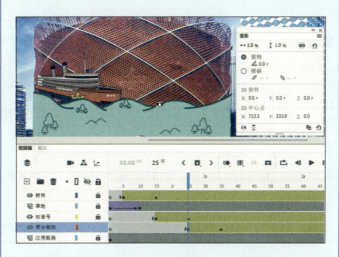

图 3.4.20　调整"琴台剧院"实例对象大小

活动3：江豚动画

STEP|01 锁定"琴台剧院"图层，新建图层并重命名为"江豚"，拖动到"琴台剧院"图层的下方。在"江豚"图层第20帧处插入空白关键帧，从"库"面板中将"江豚"影片剪辑元件拖入舞台"知音号"实例对象上方，如图3.4.21所示，在"变形"面板中单击左下角的"水平翻转所选内容"将其水平翻转；宽、高等比例缩小至50%。

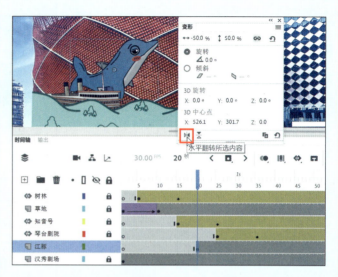

图3.4.21　设置"江豚"实例对象

STEP|02 在"江豚"图层的第20帧关键帧处添加补间动画，并在第125帧处插入"旋转"属性关键帧。如图3.4.22所示，在第126帧处单击鼠标右键，在弹出的快捷菜单中选择"拆分动画"命令，此处会插入一个关键帧，让补间对象的前一段旋转动画效果到此处结束。

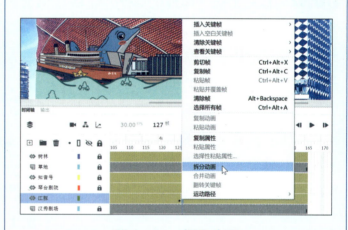

图3.4.22　拆分动画

STEP|03 选中"江豚"图层的第125帧属性关键帧，如图3.4.23所示，在"帧"属性面板中设置"补间"中"旋转"选项为"顺时针"，计数为"5x"。拖动播放头预览第20～125帧的动画效果，可以看到"江豚"实例对象顺时针旋转5次的动画效果。

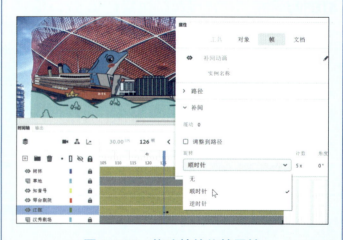

图3.4.23　修改帧的旋转属性

活动 4：电视塔动画

STEP|01 锁定"江豚"图层，在"汉秀剧场"图层上新建图层，重命名为"电视塔"。在此图层的第 40 帧处插入空白关键帧，从"库"面板中拖入"电视塔"影片剪辑元件到舞台上琴台剧院的上方。如图 3.4.24 所示，将"电视塔"实例的宽、高等比例缩小至 43%，并按 F6 键给此图层第 55 帧处添加关键帧。

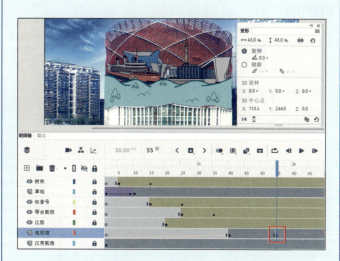

图 3.4.24　拖动"电视塔"元件到舞台

STEP|02 回到第 40 帧处，将舞台上的"电视塔"实例对象垂直向下移动到"汉秀剧场"背后将其完全挡住。并在"电视塔"图层第 40 帧关键帧处添加补间动画，在第 54 帧时将补间对象垂直移动到原始位置，如图 3.4.25 所示，此时舞台上也出现了一条垂直的运动路径。拖动播放头预览第 40～55 帧的动画效果，可以看到"电视塔"实例对象在"汉秀剧场"背后从下到上出现的动画。

图 3.4.25　添加"电视塔"实例对象补间动画

STEP|03 将鼠标移动到"电视塔"图层中的动画补间范围左侧，变为双向箭头时，双击该补间范围（或在右键快捷菜单中选择"优化补间动画"命令），如图 3.4.26 所示，"电视塔"图层下会自动打开"动画编辑器"面板。

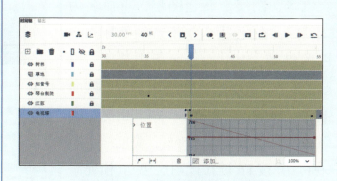

图 3.4.26　"动画编辑器"面板

STEP|04 在"动画编辑器"面板左侧窗格中显示应用到此补间的"位置"属性，选择其中的"Y"轴位置属性，右侧视图会单独显示该属性的属性曲线。用鼠标右键单击该属性曲线，如图3.4.27所示，选择快捷菜单中的"翻转"命令，曲线发生翻转。拖动播放头预览第40~55帧的动画效果，可以看到"电视塔"实例的动画反向播放。

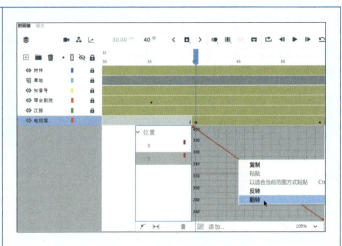

图 3.4.27 翻转属性曲线

STEP|05 单击"动画编辑器"面板右侧视图左下方的"添加缓动"按钮 ，如图3.4.28所示，打开"缓动"面板，选择左侧窗格"回弹和弹簧→回弹"预设缓动，单击"缓动"面板之外的任意位置，关闭此面板，此时"Y"轴位置便应用了选定的缓动，属性曲线叠加了缓动曲线。此时双击补间范围关闭"动画编辑器"面板，拖动播放头预览第40~55帧的动画效果，可以看到"电视塔"实例对象上、下回弹效果动画。

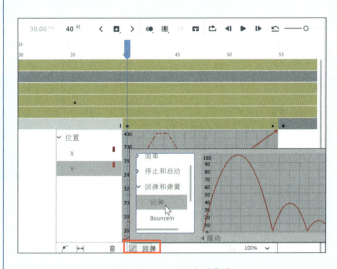

图 3.4.28 添加缓动

活动 5：山脉动画

STEP|01 锁定"电视塔"图层，在"汉秀剧场"图层上新建图层，重命名为"山脉"。在此图层的第55帧处插入空白关键帧，从"库"面板中拖入"山脉"影片剪辑元件到舞台上琴台剧院的上方。如图3.4.29所示，将"山脉"实例对象的宽度缩小至56%，高度缩小至50%。并按F6键在此图层第70帧处添加关键帧。

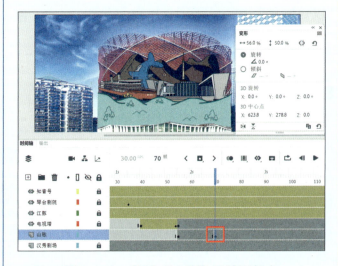

图 3.4.29 拖动"山脉"元件到舞台

STEP|02　为此图层创建第 55～69 帧的动画补间，如图 3.4.30 所示，在第 55 帧处将补间对象垂直移动到汉秀剧场背后将其完全遮挡，宽度缩小至 38%，高度缩小至 35%，在第 69 帧处还原大小和位置。拖动播放头预览第 55～70 帧的动画效果，可以看到"山脉"实例对象从下到上放大出现的动画。

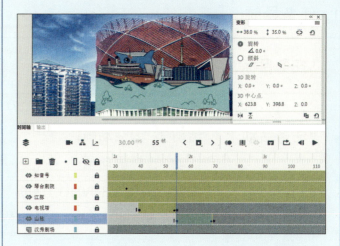

图 3.4.30　添加"山脉"实例对象补间动画

STEP|03　双击"山脉"图层中的动画补间范围，打开"动画编辑器"面板，选中左侧窗格中的"位置"属性，单击"添加缓动"按钮，如图 3.4.31 所示，打开"缓动"面板，为其添加"其他缓动→阻尼波"预设缓动。

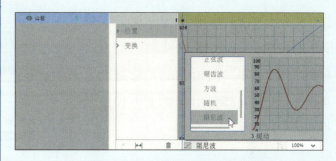

图 3.4.31　为"位置"属性添加缓动

STEP|04　继续选中左侧窗格中的"变换"属性，单击"添加缓动"按钮，如图 3.4.32 所示，打开"缓动"面板，为其添加"回弹和弹簧→弹簧"预设缓动。关闭"动画编辑器"面板，预览第 55～70 帧的动画效果。

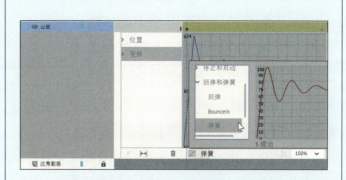

图 3.4.32　为"变换"属性添加缓动

任务3	顶部元素动画

1. 任务导航

任务目标	• 掌握动画预设的使用方法； • 学会自定义动画预设	演示视频
任务活动	活动1：彩虹动画； 活动2：云朵动画； 活动3：标语动画	
素材资源	素材：模块3\3.4\fla\3.4.2.fla 效果：模块3\3.4\fla\ 公益宣传片.fla	

2. 任务实施

活动1：彩虹动画

STEP|01 在"时间轴"面板中锁定"山脉"图层，在其上方新建图层并重命名为"彩虹"，在第70帧处插入空白关键帧，并将"库"面板中的"彩虹"影片剪辑元件拖入舞台山脉的上方位置，如图3.4.33所示。

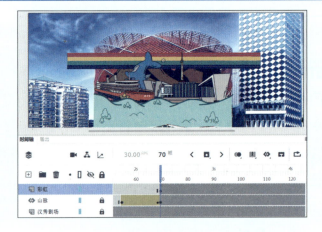

图 3.4.33　拖动"彩虹"元件到舞台

STEP|02 选择"窗口→动画预设"命令打开"动画预设"面板。如图3.4.34所示，展开面板"项目"窗格中的"默认预设"项目组，可以看到各种动画预设的项目名称，单击任意预设，在预览窗格中可以看到该动画预设的效果。

> **小提示：**
>
> 带模糊滤镜效果的动画预设，只能用在影片剪辑元件实例上，图形元件实例无法使用这种动画预设。

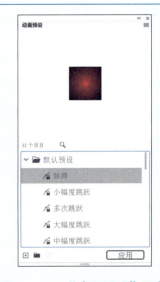

图 3.4.34　"动画预设"面板

STEP|03 选中舞台上的"彩虹"实例对象，如图 3.4.35 所示，在"动画预设"面板的"默认预设"项目组中选择其中的"2D 放大"预设项目，单击右下角的"应用"按钮，将该预设应用于此实例对象。可以看到"彩虹"图层自动出现一段 24 帧的补间动画。

图 3.4.35 应用预设效果—"彩虹"实例对象

STEP|04 用鼠标向前拖动"彩虹"图层动画补间范围的右边缘，更改应用的预设动画时长缩短至第 85 帧。如图 3.4.36 所示，选中此补间范围最后一个属性关键帧处舞台上的补间对象，将其宽度缩小至 70%，高度缩小至 50%。

> **小提示：**
> 若要指定对象的其他位置，将播放头放在补间范围内的另一个帧中，然后在舞台上将对象拖到其他位置。

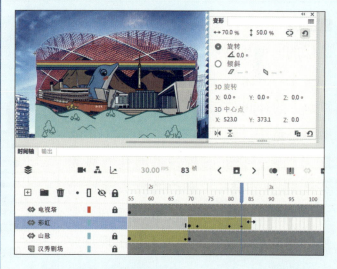

图 3.4.36 调整预设效果—"彩虹"实例对象

STEP|05 打开"动画预设"面板，单击选中"彩虹"图层的补间范围，单击面板左下角的"将选区另存为预设"按钮，如图 3.4.37 所示，弹出"将预设另存为"对话框，设置"预设名称"为"出现效果"，单击"确定"按钮，将此补间段保存为自定义的预设项。

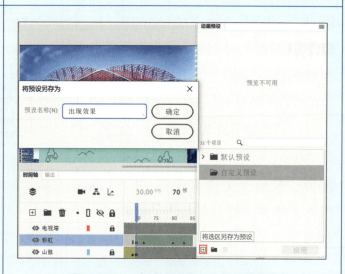

图 3.4.37 自定义预设"出现效果"

活动2：云朵动画

STEP|01 在"彩虹"图层上新建图层，重命名为"云朵"，在此图层的第75帧处插入空白关键帧，从"库"面板中拖入"云朵"影片剪辑元件到舞台"彩虹"实例对象的上方。然后如图3.4.38所示，选中该实例对象，在"动画预设"面板的"自定义预设"项目组中选择刚自定义的"出现效果"预设项，单击"应用"按钮，应用到"云朵"实例对象上。

图 3.4.38　为"云朵"实例对象应用自定义预设

STEP|02 延续"彩虹"图层和"云朵"图层的时间轴时长到第165帧。单击选中整个"云朵"补间范围，可拖动调整舞台上的补间对象整体位置。如图3.4.39所示，选中"云朵"图层的最后一个属性关键帧，将此时舞台上的补间对象宽度缩小至65%。拖动播放头预览第70～90帧的动画效果，可以看到"彩虹"和"云朵"实例对象先后出现且放大的动画。

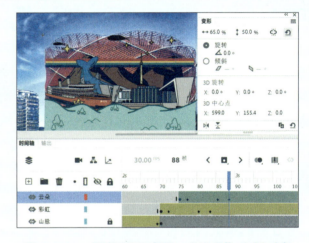

图 3.4.39　调整预设动画——"云朵"实例对象

活动3：标语动画

STEP|01 在"时间轴"面板的最上方新建图层，重命名为"标语"，在此图层的第85帧处插入空白关键帧。单击"文件→导入→导入到舞台"命令，打开"导入"对话框，如图3.4.40所示，选择"素材"文件夹中的"标语.png"图片，单击"打开"按钮，将其导入到舞台。

图 3.4.40　改变中心变形点位置

STEP|02 选中舞台上的"标语"图片，单击"修改→转换为元件"命令（快捷键 F8），如图 3.4.41 所示，在弹出的"转换为元件"对话框中，设置"名称"为"标语"，"类型"为"影片剪辑"，对齐中心点为中心位置，单击"确定"按钮，将其转换为影片剪辑元件。

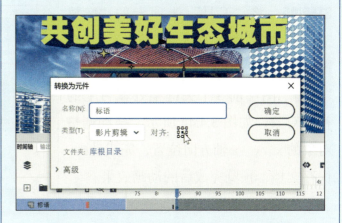

图 3.4.41　转换为"标语"影片剪辑元件

STEP|03 选中舞台上的"标语"实例对象，打开"动画预设"面板，选择"默认预设"项目组中的"3D 放大"预设项，单击"应用"按钮，将其应用到"标语"实例对象上，如图 3.4.42 所示。

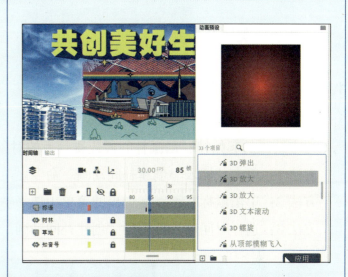

图 3.4.42　为"标语"实例对象应用动画预设

STEP|04 此时"标语"图层会自动创建含 1 个关键帧、4 个属性关键帧的补间范围，按住 Ctrl 键依次单击选中最后两个属性关键帧，如图 3.4.43 所示，在右键快捷菜单中选择"清除关键帧→全部"命令，只保留前 3 个关键帧，且延续动画时长到第 165 帧。

图 3.4.43　清除最后两个关键帧

STEP|05 将"工具"选项卡的"拖放工具"拖出"3D平移工具" ⤢，结合键盘上↑、↓、←、→键，依次选中"标语"图层前3个关键帧处舞台上的补间对象，如图3.4.44所示，拖动调整对象的x、y、z轴方向位置，完成动画。保存文档，预览完成后的动画效果。

图 3.4.44　调整补间对象位置

3.4.4　知识链接

1. 补间动画的制作方法

（1）创建补间动画

选中动画的起始帧、动画补间段或舞台上的对象后，以下方法均可创建补间动画。

方法1：单击"插入→创建补间动画"命令。

方法2：单击鼠标右键，在弹出的菜单中选择"创建补间动画"命令。

方法3：选择时间轴控件中的"创建补间动画"命令，如图3.4.45所示。

图 3.4.45　创建补间动画

（2）添加属性关键帧

给补间动画添加属性关键帧的方法有如下几种：

方法1：在帧上单击鼠标右键，选择"插入关键帧"命令选项组的任一属性，如图3.4.46所示。

图3.4.46　添加关键帧属性

方法2：直接在"动画编辑器"面板中需要调整的属性后单击增加关键帧按钮。

方法3：将播放头拖到该帧上直接改变属性参数，自动添加属性关键帧。

（3）添加缓动

"缓动"指在动画期间的逐渐加速或减速，从而使补间显得更为真实、自然。使用"缓动"可以应用构成动画任务的特殊运动，如自由移动或球的弹跳等；对补间对象的某种属性，可以用"添加缓动"来创建随机外观，例如x和y轴方向用于随机的抖动等。通过在Animate"动画编辑器"面板中编辑属性曲线或添加缓动来操控补间动画，可以极大地丰富动画效果。

Animate中添加缓动的方法是：在时间轴上选择要调整的补间动画，选中一个补间范围，双击该补间范围（或在右键快捷菜单中选择"优化补间动画"命令），打开"动画编辑器"面板，如图3.4.47所示。

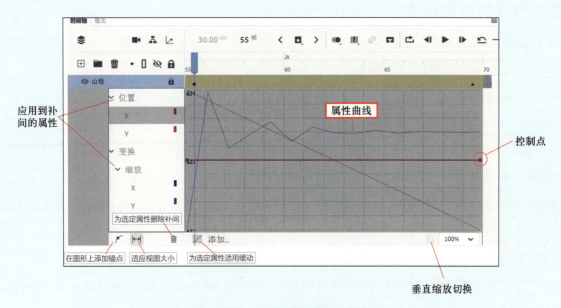

图3.4.47　"动画编辑器"面板

"动画编辑器"面板左侧显示的是应用到补间的各种属性，右侧视图中横轴表示帧，纵轴表示补间的变化比例。动画中的第一个值在0%的位置，最后一个关键帧可以设置为0%到100%之间的值。补间实例的变化速率由图形曲线的斜率表示。如果在图中创建的是一条水平线（无斜度），则速率为0；如果在图中创建的是一条垂直线，则会有一个瞬间的速率变化。

单击面板下的"添加缓动"按钮，可以打开"缓动"面板，如图3.4.48所示，在此面板中包含了许多预设的缓动效果，可直接在左侧缓动类别中选择预设的缓动效果，直接应用到补间对象上，用户也可以使用自定义缓动曲线来创建自己的缓动。

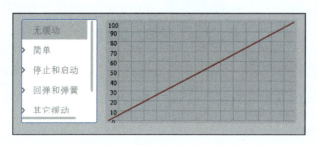

图 3.4.48 "缓动"面板

（4）删除补间动画

① 若要删除范围中的某个属性关键帧，可按住 Ctrl 键单击该将属性关键帧以将其选中，右键单击该属性关键帧，在弹出的快捷菜单中选择"清除关键帧"命令，并选择要删除的关键帧的属性类型。

② 若要将某个补间范围更改为静态帧，先选择该补间范围，然后在右键快捷菜单中选择"删除补间动画"命令。

2. 动画预设的应用方法

（1）动画预设的基本应用

步骤1：打开"动画预设"面板

单击"窗口→动画预设"命令，打开"动画预设"面板。

步骤2：为实例对象应用动画预设

选中舞台中需要添加动画的实例对象，在"动画预设"面板的"默认预设"中选择一个预设效果，再单击面板右下角的"应用"按钮。

注意： 每个对象只能应用一个预设，如果将动画预设应用于无法补间的对象，Animate会提供一些将该对象转换为元件的选项。

步骤3：调整预设效果

每个动画预设都包含特定数量的帧（例如文档帧频24 fps），应用预设后，在时间轴中创建的补间范围将包含此数量的帧（24帧）。如果目标对象应用了不同长度的补间，补间范围将进行调整，以符合动画预设的长度。

在应用预设后，可以在时间轴中拖动补间范围的任意一端，以按所需帧数缩短或延长范围。补间中的任何现有属性关键帧都随范围的结束端按比例移动。若要移动范围的结束端而不移动任何现有关键帧，可以在按住 Shift 键的同时单击拖动补间范围的结束端。

（2）自定义动画预设

步骤 1：在"时间轴"面板中选中一段动画补间范围。

步骤 2：单击"动画预设"面板左下角的"将选区另存为预设"按钮 ⊞，弹出"将预设另存为"对话框，在"预设名称"处给这段自定义动画预设命名。单击"确定"按钮，动画预设"面板中"自定义预设"项目组内会出现刚才命名的自定义预设。

步骤 3：选中舞台上需要使用此动画预设的实例对象，在"动画预设"面板中"自定义预设"项目组内选中刚自定义的预设项，单击"应用"按钮，即可将此自定义的预设动画应用到其他实例对象上。

3. 补间动画和传统补间动画的差异

补间动画和传统补间动画的差异见表 3.4.1。

表 3.4.1　补间动画和传统补间动画的差异

补间动画	传统补间动画
强大且易于创建，可以对补间动画实现最大程度的控制	创建复杂，包含在 Animate 早期版本中创建的所有补间
使用属性关键帧	使用关键帧
整个补间只包含一个目标对象	允许在两个具有相同或不同元件的关键帧之间进行补间
将文本视为可补间的类型，而不会将文本对象转换为影片剪辑元件	将文本对象转换为图形元件
在补间动画范围中不允许使用帧脚本	传统补间允许使用帧脚本
补间范围被视为单个对象，可以在时间轴中拉伸和调整其大小	由几组可在时间轴中分别选择的帧组成
对整个长度的补间动画范围应用缓动	可对补间中关键帧之间的各组帧应用缓动
可以对每个补间应用一种色彩效果	应用两种不同的色彩效果，如色调和 Alpha 透明度
用于为 3D 对象创建动画效果	无法使用传统补间为 3D 对象创建动画效果
可以另存为动画预设	不可以另存为动画预设

3.4.5 学习检测

	知 识 要 点	掌握程度
知识获取	理解补间动画的原理，了解补间动画的特点	
	熟练掌握位置、缩放、倾斜、旋转、颜色等补间动画的创建方法	
	学会在"动画编辑器"面板中添加缓动的方法	
	掌握动画预设的应用方法	
	学会自定义动画预设并应用的方法	

	实训案例（图 3.4.49）	技能目标	掌握程度
技能掌握	图 3.4.49 "成长之路 感恩父母！"宣传片	任务 1 童年时代 ↘ 布置场景 ↘ 新生动画 ↘ 中学动画	
		任务 2 青年时代 ↘ 大学动画 ↘ 毕业动画 ↘ 工作动画 ↘ 字幕动画	

说明："掌握程度"可分为三个等级："未掌握""基本掌握""完全掌握"，读者可分别使用"×""○""√"来呈现记录结果，以便以后的巩固学习。

4.1 引导动画
案例——中秋节贺卡

4.1.1 案例分析

1. 案例设计

在 Animate 中单纯依靠补间动画，无法实现一些复杂的动画效果，例如，蝴蝶在花丛中飞舞、鱼儿在大海里遨游、卫星围绕地球旋转等，这些弧线或不规则的运动效果可以通过引导动画来实现。

本案例是利用引导动画制作一个中秋节动画贺卡：在中秋节的夜晚，美丽的嫦娥姑娘和几只可爱的玉兔，在人们的屋顶上飞过，出现"中秋佳节"的文字后，嫦娥和玉兔快乐地环绕月亮一圈后飞入月亮消失。以月之圆兆人之团圆，表达思念故乡、亲人之情，祈盼丰收幸福之意。

2. 学习目标

理解引导动画的原理，了解引导层和被引导层，掌握单层引导和多层引导动画的创建方法，会制作封闭曲线运动路径的引导动画。

3. 策划导图

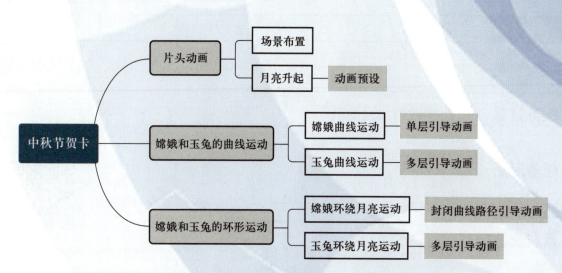

4.1.2　预备知识

引导动画

　　将一个或多个层链接到一个运动引导层，使一个或多个对象沿同一条路径运动的动画形式被称为"引导动画"。这种动画可以使一个或多个元件完成曲线或不规则运动。

　　一个基本的"引导动画"至少由两个图层组成，如图 4.1.1 所示，上面一层是"传统运动引导层"，用于放置对象运动的路径；下面一层是"被引导层"，用于放置运动的对象。

传统运动引导层
被引导层
普通图层

图 4.1.1　"嫦娥"的引导动画

4.1.3　案例实施

| Flash | 任务 1 | 片头动画 |

1. 任务导航

任务目标	巩固动画预设的制作	
任务活动	活动 1：场景布置； 活动 2：月亮升起	演示视频
素材资源	素材：模块 4\4.1\ 素材 源文件：模块 4\4.1\fla\4.1.1.fla	

2. 任务实施

活动 1：场景布置

STEP|01　启动 Animate，单击"文件→新建"命令，打开"新建文档"对话框。如图 4.1.2 所示，选择"高级"类别的"ActionScript 3.0"选项，调整文档宽、高分别为 800 像素和 600 像素，单击"创建"按钮，创建一个新文档，文件保存为"中秋节贺卡 .fla"。

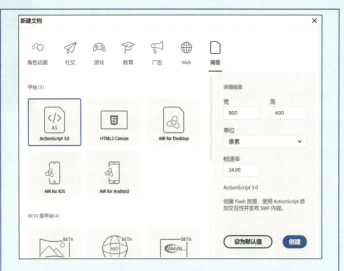

图 4.1.2　设置"中秋节贺卡 .fla"文档属性

STEP|02　单击"文件→导入→导入到库"命令，将素材文件夹中的所有图片文件一次性导入到库中；然后选择"文件→导入→打开外部库"命令，打开素材文件夹中"角色素材 .fla"的外部库，如图 4.1.3 所示，把"玉兔"和"嫦娥"两个角色元件也拖入库中。

图 4.1.3　导入素材到库中

STEP|03　在"时间轴"面板中从下至上分别创建"背景""月亮""房子""树"图层；将"库"面板中的"背景图 .jpg"图片拖入"背景"图层的舞台上，使用"对齐"面板使背景图完全贴合舞台，如图 4.1.4 所示。

小提示：

　　在"对齐"面板中勾选"与舞台对齐"复选框，然后依次单击"对齐"面板中的"匹配宽和高""水平中齐"和"垂直中齐"按钮。

图 4.1.4　创建 4 个图层

STEP|04 将"库"面板中的"月亮.png""房子.png"和"树.png"图片依次拖入对应的图层舞台上的合适位置；其中房子图片放大到180%，月亮图片放大到120%，树图片缩小到20%，且复制后水平翻转；房子图片按F8键转换为同名的图形元件，如图4.1.5所示，在"属性"面板中将"该图形元件的亮度降低一些，完成动画场景的布置。

图 4.1.5 布置动画场景

活动 2：月亮升起

STEP|01 先将"时间轴"面板的所有图层都延续至第400帧；如图4.1.6所示，锁定除"月亮"图层外的其他图层，选中舞台上的月亮图片，按F8键将其转换为同名的图形元件。

图 4.1.6 转换图形元件

STEP|02 打开"动画预设"面板，选中舞台上的"月亮"图形元件后，如图4.1.7所示，选择面板"默认预设"中的"从底部飞入"选项，单击"应用"按钮，将该预设动画效果添加到"月亮"图形元件上，"时间轴"面板也自动生成第0~24帧的补间动画。

图 4.1.7 添加动画预设

STEP|03　单击"时间轴"面板"月亮"图层的补间动画段，向后拖动至起始帧为第 20 帧；然后，如图 4.1.8 所示，用鼠标拖动舞台上的运动路径，调整"月亮"图形元件的起始位置到下方舞台外，结束位置到舞台中间；最后延续此图层动画到第 400 帧，按 Ctrl+Enter 快捷键测试完成后的月亮升起动画效果。

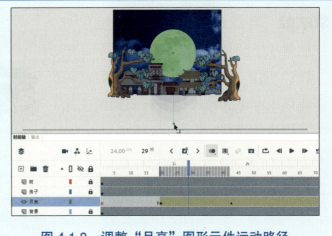

图 4.1.8　调整"月亮"图形元件运动路径

Flash　**任务 2**　嫦娥和玉兔的曲线运动

1. 任务导航

任务目标	• 理解引导动画的原理； • 创建单层引导动画； • 创建多层引导动画	演示视频
任务活动	活动 1：嫦娥曲线运动； 活动 2：玉兔曲线运动	
素材资源	素材：模块 4\4.1\fla\4.1.1.fla 效果：模块 4\4.1\fla\4.1.2.fla	

2. 任务实施

活动 1：嫦娥曲线运动

STEP|01　在"时间轴"面板上锁定"月亮"图层，在最上方新建一个"嫦娥"图层。在默认时间轴控件中，插入帧组已切换到"自动插入关键帧" 模式，把播放头移动到第 50 帧，将"嫦娥"图形元件从"库"面板中拖入右侧舞台外场景中如图 4.1.9 所示的位置，并等比例缩小到 40%，在此图层的第 50 帧处自动生成关键帧。

图 4.1.9　嫦娥出场

STEP|02 将播放头移动到"嫦娥"图层的第122帧处，如图4.1.10所示，把"嫦娥"图形元件实例拖到左侧舞台外，创建第50～122帧的传统补间动画，让嫦娥从场景的右边直线运动到左边。

图 4.1.10　嫦娥直线运动

STEP|03 在"时间轴"面板中的"嫦娥"图层上单击右键，在弹出的菜单中选择"添加传统运动引导层"命令，如图4.1.11所示，该层上添加了一个运动引导层 🌀 ，而原本的普通图层"嫦娥"，缩进并绑定为被引导层。

图 4.1.11　添加传统运动引导层"嫦娥"

STEP|04 在"引导层：嫦娥"的第50帧处，如图4.1.12所示，使用"钢笔工具"在舞台上绘制一条圆滑的曲线路径，这时"嫦娥"的中心点会自动吸附到路径的起始端。

> **小提示：**
>
> 如果"嫦娥"实例对象的中心点未自动吸附到引导路径上，用鼠标拖曳至线段上，当对象接近线条时，会自动将中心点吸附到路径上。

图 4.1.12　绘制曲线路径

STEP|05　在第 122 帧处用"选择工具"将舞台上的"嫦娥"实例对象拖曳至引导路径的结束端，直至其中心点自动吸附到引导线上，如图 4.1.13 所示。

> **小提示：**
>
> 　　运动引导层仅作为对象运动路径的辅助线，在制作过程中的场景中会一直显现。但最终在播放器中引导线是不会显示出来的。

图 4.1.13　调整实例对象中心点位置

STEP|06　按住 Ctrl 键，分别拖动"嫦娥"和"引导层：嫦娥"图层结束补间段边缘缩短补间的结束帧到第 122 帧处，如图 4.1.14 所示。按 Ctrl+Enter 快捷键测试完成后的嫦娥曲线运动动画。

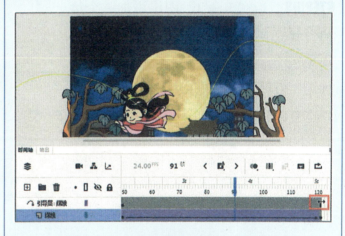

图 4.1.14　完成嫦娥的曲线运动动画

活动 2：玉兔曲线运动

STEP|01　在"时间轴"面板最上方新建"玉兔 1"图层，将播放头移动到第 130 帧，从"库"面板中拖出"玉兔"图形元件到场景右侧舞台外，如图 4.1.15 所示，将其等比例缩小至 40% 大小，并将该实例在"属性"面板的"对象"选项卡中命名为"玉兔 1"。

图 4.1.15　"玉兔 1"出场

STEP|02 拖动"玉兔1"图层的结束补间段边缘缩短补间的结束帧到第190帧，并在第190帧处将"玉兔1"实例对象拖到场景左侧舞台外，如图4.1.16所示，创建从第130～190帧之间的传统补间，实现"玉兔1"实例对象从右到左的直线运动。

图 4.1.16　制作"玉兔1"的直线运动

STEP|03 给"玉兔1"图层添加一个运动引导层，从第130帧开始，任意绘制一条引导曲线路径，如图4.1.17所示，将第130帧处的"玉兔1"实例对象中心点吸附到引导线上。

图 4.1.17　添加"玉兔1"的引导层

STEP|04 播放头移动到第190帧，把舞台上"玉兔1"实例对象拖曳至引导线的另一端，如图4.1.18所示。按 Enter 键预览"玉兔1"的曲线运动动画。此时的曲线运动状态比较生硬，需要调整其沿曲线飞行过程中的角度变化。

图 4.1.18　调整"玉兔1"的结束位置

STEP|05 选中"玉兔1"图层第130帧,打开"属性"面板的"帧"选项卡,如图4.1.19所示,勾选帧属性"补间"选项中"调整到路径"复选框,取消勾选"缩放"复选框。并用"任意变形工具"沿路径方向稍微调整舞台上两个关键帧处的"玉兔1"实例对象角度。此时"玉兔1"的曲线运动动画制作完毕。

图 4.1.19 完成"玉兔1"的曲线运动

STEP|06 在"时间轴"面板"玉兔1"图层上新建一个"玉兔2"图层,自动绑定为被引导层。在此图层第154帧处,拖入"库"中图形元件"玉兔"到场景右侧舞台外,命名为"玉兔2"。如图4.1.20所示,打开"变形"面板,将此实例对象等比例缩小至30%大小。

图 4.1.20 拖入"玉兔2"实例对象

STEP|07 先制作"玉兔2"实例对象第154~202帧从舞台右侧飞入到左侧并飞出的直线运动,然后在路径的起始端和结束端,将实例中心点吸附到引导线上,设置起始关键帧属性中的补间"调整到路径",最后稍微调整两端实例角度,如图4.1.21所示,完成其沿着引导线,从舞台右侧飞入到左侧并飞出的曲线运动。

图 4.1.21 "玉兔2"出场

STEP|08 在"时间轴"面板"引导层：嫦娥"图层上新建一个图层，命名为"玉兔3"，如图4.1.22所示，在第166帧处再次拖入"库"面板中的"玉兔"图形元件到场景右侧舞台外，将该实例对象命名为"玉兔3"，调整其大小等比例缩小至25%。

图4.1.22 "玉兔3"出场

STEP|09 将此图层第166帧和第190帧处实例对象的中心点分别放置在引导线的两端，如图4.1.23所示，制作"玉兔3"实例对象从舞台右侧飞入左侧并飞出的直线运动传统补间动画。

小提示：

由于此时"玉兔3"图层并非被引导层，所以即使起始端和结束端实例对象的中心点在引导线上，仍然不会沿路径曲线运动。

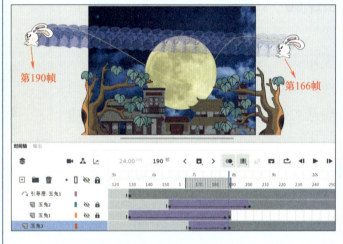

图4.1.23 制作"玉兔3"的直线运动

STEP|10 在"时间轴"面板中用鼠标拖曳"玉兔3"图层到"玉兔2"图层的上方，使之也绑定为"引导层：玉兔1"图层的被引导层，如图4.1.24所示，玉兔3变为沿路径曲线运动，设置此动画补间"调整到路径"，并适当调整关键帧处实例对象的角度。

图4.1.24 将普通图层变为"被引导层"

STEP|11　在"树"图层上新建"文字"图层，在第180帧处拖入"库"中的"中秋佳节"图片到月亮中间，调整其大小到65%，按F8键将其转换为图形元件"文字"。在第192帧处直接添加关键帧，然后修改第180帧处该实例对象的色彩效果的"Alpha"值为0，创建第180～192帧的传统补间，如图4.1.25所示，完成"中秋佳节"文字的渐显效果。

图 4.1.25　新建"文字"图层

STEP|12　最后拖动"引导层：玉兔1""玉兔3""玉兔2"三个图层的结束补间段边缘缩短补间的结束帧均到第202帧，如图4.1.26所示，按Ctrl+Enter快捷键测试完成后的动画效果。

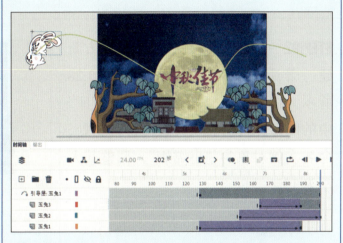

图 4.1.26　完成玉兔的曲线运动

任务3　嫦娥和玉兔的环形运动

1. 任务导航

任务目标	制作封闭曲线路径的引导动画	
任务活动	活动1：嫦娥环绕月亮运动； 活动2：玉兔环绕月亮运动	演示视频
素材资源	素材：模块 4\4.1\fla\4.1.2.fla 效果：模块 4\4.1\fla\ 中秋节贺卡 .fla	

2. 任务实施

活动1：嫦娥环绕月亮运动

STEP|01 在"时间轴"面板最上方新建一个图层，命名为"环形路径"。在该图层的第210帧处用"椭圆工具"在舞台月亮中间任意绘制一个椭圆环，并如图4.1.27所示稍稍调整其角度和位置。

图 4.1.27 新建"环形路径"图层

STEP|02 在"环形路径"图层的下方新建一普通图层"小嫦娥"，如图4.1.28所示，在该图层第210帧处拖入"库"中的图形元件"嫦娥"到舞台月亮处，命名实例对象为"小嫦娥"，调整其大小为15%。

图 4.1.28 "小嫦娥"出场

STEP|03 用鼠标右键单击"时间轴"面板中"环形路径"图层，如图4.1.29所示，在弹出的快捷菜单中选择"引导层"命令，将该图层转换为"普通引导层" 。

图 4.1.29 转换普通引导层

STEP|04　用鼠标拖曳"小嫦娥"图层到"环形路径"图层的下方，使之缩进为"被引导层"，如图 4.1.30 所示，这时"环形路径"图层的图标变为"传统运动引导层"，此时舞台上"小嫦娥"实例对象中心点也自动吸附到引导线上。

图 4.1.30　转换传统运动引导层

STEP|05　在第 282 帧处将"小嫦娥"实例对象稍向后拖曳一小段距离，并使其中心点仍然吸附在引导线上，如图 4.1.31 所示，创建两个关键帧之间的传统补间，此时单击"时间轴控件"中的"播放"按钮预览"小嫦娥"的动画效果，发现它仅沿引导线微微向后移动一小段距离。

图 4.1.31　创建传统补间动画

STEP|06　选中第 210 帧处的环形路径，选择"橡皮擦工具"，如图 4.1.32 所示，在"工具"属性面板中选择"标准擦除"模式，将舞台上"小嫦娥"起始路径和结束路径之间的引导线擦出一个小缺口。再次预览补间动画，会发现"小嫦娥"已经可以沿曲线路径逆时针旋转一圈了。

> **小提示：**
> 　封闭曲线运动路径引导动画的关键就在于使封闭的曲线不封闭。

图 4.1.32　使封闭的曲线不封闭

STEP|07 为了给"小嫦娥"实例对象在环绕过程中制作转身的动作，拖动播放头，当运动到左右两侧和舞台中央时，单击"时间轴控件"中的"自动插入关键帧"按钮，给"小嫦娥"图层添加关键帧，如图4.1.33所示，在第226、227、245、268、269帧处分别添加关键帧。

图4.1.33 为"小嫦娥"图层添加关键帧

STEP|08 将"小嫦娥"实例对象在第227、245、268三个关键帧处水平翻转，如图4.1.34所示，在运动到舞台中央第245帧时，将其大小调整为30%，并在开始帧210帧和结束帧282帧处将该实例对象的Alpha透明度属性调整为0，使之完全消失不见。预览动画可以看到"小嫦娥"环绕月亮一圈后飞入月亮消失的效果。

图4.1.34 为"小嫦娥"图层设置关键帧处实例对象属性

活动2：玉兔环绕月亮运动

STEP|01 选中"时间轴"面板"小嫦娥"图层，单击鼠标右键，如图4.1.35所示，在弹出的快捷菜单中选择"复制图层"命令。此时在该图层上方会出现"小嫦娥_复制"图层，作为"环形路径"的第二个被引导层，修改该图层名为"小玉兔"。

图4.1.35 复制"小嫦娥"图层

STEP|02 逐个选中"小玉兔"图层每个关键帧处舞台上的实例对象，如图4.1.36所示，在实例上单击鼠标右键，从弹出的快捷菜单中选择"交换元件"命令。

图 4.1.36 交换关键帧处元件

STEP|03 在弹出的"交换元件"对话框中选择"玉兔"实例对象，单击"确定"按钮，将"小玉兔"图层所有关键帧处舞台上的"嫦娥"元件实例对象均交换为"玉兔"元件实例对象，如图 4.1.37 所示。

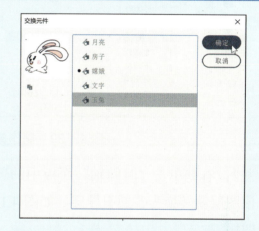

图 4.1.37 交换为"玉兔"元件实例对象

STEP|04 用鼠标拖曳"小玉兔"图层动画补间段向后移动到第 222 帧开始，如图 4.1.38 所示，让"小玉兔"的环绕运动跟在"小嫦娥"后面出现。最后将所有图层的时长控制在 400 帧处结束，保存并预览动画效果。

图 4.1.38 拖动"小玉兔"图层动画补间段

4.1.4　知识链接

1. 引导层的制作方法

（1）普通引导层

方法1：选中"时间轴"面板的普通图层，单击"修改→时间轴→图层属性"命令，打开"图层属性"对话框，如图4.1.39所示，通过选择"类型"中的"引导层"或"一般"选项来转换或取消引导层。

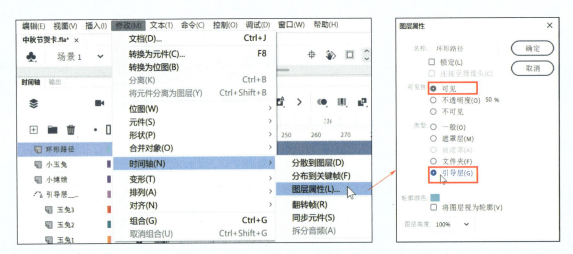

图4.1.39　制作普通引导层（方法1）

方法2：右键单击"时间轴"面板中的普通图层，在弹出的快捷菜单中选择"引导层"命令，该图层就转换为普通引导层。如图4.1.40所示，反之操作取消勾选"引导层"即可恢复普通图层。

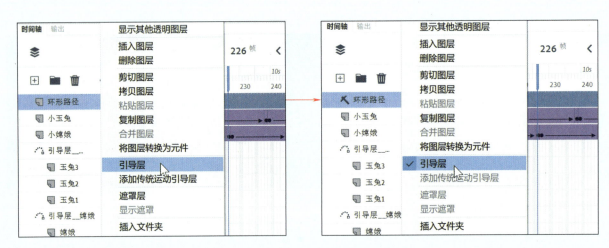

图4.1.40　制作普通引导层（方法2）

（2）传统补间运动引导层

方法1：右键单击"时间轴"面板中的普通图层，在弹出的快捷菜单中选择"添加传统运动引导层"命令，如图 4.1.41 所示，则此图层上会自动添加一个传统运动引导层。右键单击引导层，在弹出的快捷菜单中取消勾选"引导层"即可恢复普通图层。

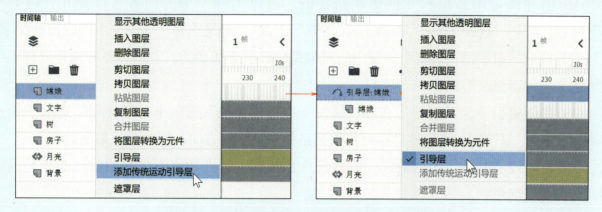

图 4.1.41　制作传统补间运动引导层（方法 1）

方法 2：如果"时间轴"面板中已有一个普通引导层，可以将普通图层拖向该引导层下方，如图 4.1.42 所示，出现一条黑色线条，松开鼠标后这两个图层即可转换为运动引导层和被引导层。

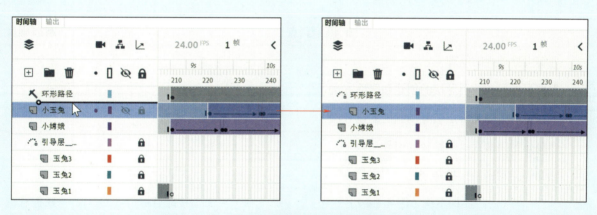

图 4.1.42　制作传统补间运动引导层（方法 2）

此方法还可为一个传统补间运动引导层创建多个被引导层，如图 4.1.43 所示，反之操作，向图层外拖放可取消引导层与被引导层的绑定。

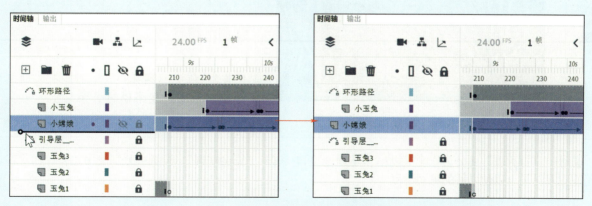

图 4.1.43　取消引导层的绑定

2. 引导动画制作技巧

（1）引导层是用来指示元件运动路径的，所以引导层中的内容可以是用"钢笔工具""铅笔工具""线条工具""椭圆工具""矩形工具""画笔工具"等绘制出的线段或文字，并且引导线应尽量平滑；而被引导层中的对象是跟着引导线走的，它的对象必须是元件、组合体、文本，不能是形状。

（2）在创建引导层动画时，在帧"属性"面板的"帧"选项卡的"补间"选项中勾选"调整到路径"复选框，可以使动画对象根据路径调整旋转方向，使动画效果更逼真。

（3）引导线不能是封闭的曲线，要有起点和终点，起点和终点之间的曲线必须是连续的，可以是任何形状。

（4）不能将补间动画图层或反向运动姿势图层拖动到引导层上，但可以将普通图层拖动到引导层上。此操作会将引导层转换为运动引导层，并将普通图层链接到新的运动引导层。

4.1.5 学习检测

知 识 要 点		掌握程度
知识获取	理解引导动画的原理	
	掌握引导层和被引导层的创建和取消方法	
	掌握单层引导和多层引导动画的创建方法	
	会制作封闭曲线运动路径的引导动画	
	熟知引导动画制作技巧	

	实训案例（图 4.1.44）	技能目标	掌握程度
技能掌握	图 4.1.44　探秘海底世界	任务 1　气泡上升↘制作单层引导动画	
		任务 2　两只鱼儿曲线游动↘制作多层引导动画	
		任务 3　鱼儿环形游动↘制作封闭曲线路径的引导动画	

说明："掌握程度"可分为三个等级："未掌握""基本掌握""完全掌握"，读者可分别使用"×""○""√"来呈现记录结果，以便以后的巩固学习。

4.2 遮罩动画
案例——地产广告

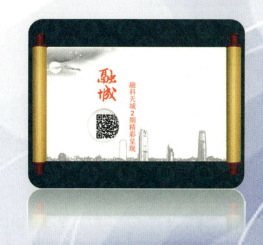

4.2.1 案例分析

1. 案例设计

在神奇的二维动画世界中，有许多的特效如放大镜、万花筒、望远镜、百叶窗、水波、探照灯、卷轴动画等，这些都是通过一个特殊的动画形式——遮罩动画来实现的。

本案例主要利用遮罩动画制作一个地产公司广告：一只鱼儿绕着公司标志游动，用卷轴展开的画面表示一个国画风格的动态背景，广告文字出现后光线滑过，最后用放大镜效果放大公司的二维码。用科技营造人民美好生活环境。

2. 学习目标

理解遮罩动画的原理，了解遮罩动画的特点，熟练掌握静态遮罩、动态遮罩、多层遮罩动画效果创建方法。

3. 策划导图

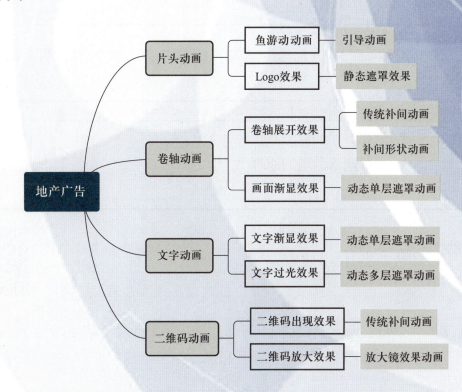

4.2.2 预备知识

遮罩动画

从字面意思理解，"遮罩"就是用一个物体把另外的对象遮挡起来，通常我们会认为下层对象被上层对象遮挡住的部分是看不到的。但在 Animate 中的遮罩效果正好相反，Animate 中的遮罩是透过遮挡物来看被挡住对象，只有那些被遮挡的部分才能被看到，没有被遮挡的区域反而看不到。

"遮罩动画"至少由两个图层组成，如图 4.2.1 所示，上面一层是"遮罩层"，下面一层是"被遮罩层"，遮罩效果显示的是两层的叠加部分。

图 4.2.1 遮罩动画

4.2.3 案例实施

| Flash | 任务 1 | 片头动画 |

1. 任务导航

任务目标	● 巩固引导动画的制作； ● 理解遮罩动画的原理	
任务活动	活动 1：鱼游动动画； 活动 2：Logo 效果	演示视频
素材资源	素材：模块 4\4.2\素材 源文件：模块 4\4.2\fla\4.2.1.fla	

2. 任务实施

活动 1：鱼游动动画

STEP|01　启动 Animate，单击"文件→新建"命令，打开"新建文档"对话框。如图 4.2.2 所示，选择"高级"类别的"ActionScript 3.0"选项，调整文档的宽、高分别为 800 像素和 600 像素，单击"创建"按钮，创建一个新文档，文件保存为"地产广告.fla"。

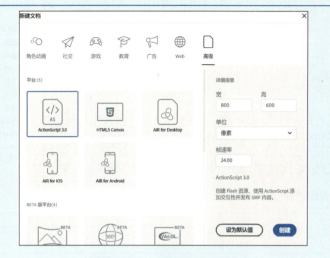

图 4.2.2　设置文档属性

STEP|02　单击"文件→导入→导入到库"命令，将素材文件夹中的所有图片文件一次性地导入到库中，如图 4.2.3 所示。期间会弹出"将'logo.psd'导入到库"对话框，直接默认各选项，单击"导入"按钮，关闭该对话框。

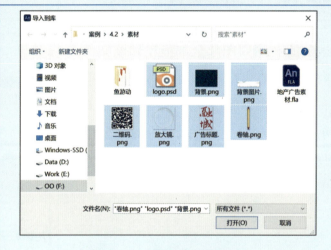

图 4.2.3　导入图片到库中

STEP|03　在"库"面板中，将自动生成的图形元件重命名。如图 4.2.4 所示，单击左下角的"新建元件"按钮，在弹出的"新建元件"对话框中创建一个图形元件，命名为"鱼游动"，单击"确定"按钮后进入"鱼游动"元件的场景中。

> **小提示：**
>
>　　图片文件导入到库后会自动生成对应的图形元件"元件 1"～"元件 n"，重命名时可根据对应的图片文件名命名，例如"卷轴.png"图片文件对应的图形元件命名为"卷轴"。

图 4.2.4　新建元件

STEP|04 单击"文件→导入→导入到舞台"命令，如图4.2.5所示，选择素材文件夹内"鱼游动"文件夹中的第一张图"y00001.png"，单击"打开"按钮，在弹出的"此文件看起来是图像序列的组成部分。是否导入序列中的所有图像？"警告窗口中单击"是"按钮，将该文件夹中的图片序列一次性导入为逐帧动画。

图 4.2.5　导入序列图片

STEP|05 在"库"面板中，新建一个文件夹，命名为"鱼动画"，将刚才导入的所有序列图片全部拖曳到该文件夹内。然后在"logo.psd"图形元件上单击右键，选择"属性"命令，如图4.2.6所示，在弹出的"元件属性"对话框中修改该元件的类型为"影片剪辑"元件，单击"确定"按钮，关闭该对话框。

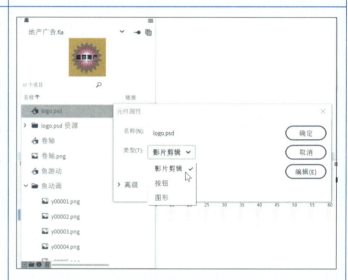

图 4.2.6　修改元件属性

STEP|06 返回"场景1"，将"时间轴"面板的"图层_1"图层重命名为"背景"，然后如图4.2.7所示，将"库"面板中的"背景"图形元件拖入舞台，对齐于舞台的中心，在默认的时间轴控件中，插入帧组已切换到"自动插入关键帧"模式。

图 4.2.7　添加背景

STEP|07　在"时间轴"面板中新建一个图层，命名为"logo"，然后将"库"中的"logo.psd"影片剪辑元件拖到舞台的中心位置，如图 4.2.8 所示。

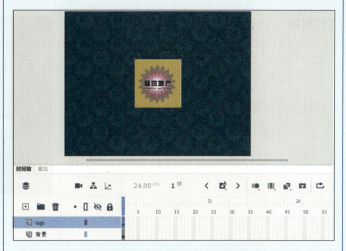

图 4.2.8　新建 logo 图层

STEP|08　再新建一个图层，命名为"鱼"，如图 4.2.9 所示，把"库"面板中"鱼游动"图形元件拖入舞台，使用快捷键 Ctrl+T 打开"变形"面板，调整该实例对象等比例缩小至 20%。

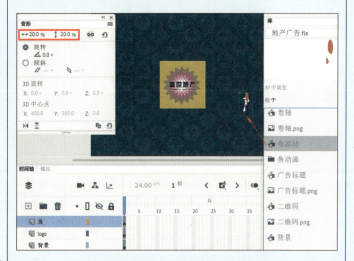

图 4.2.9　拖入"鱼游动"图形元件

STEP|09　为"鱼"图层添加"传统运动引导层"，在引导层中绘制一条围绕 logo 实例对象的圆形不封闭的引导线，如图 4.2.10 所示。

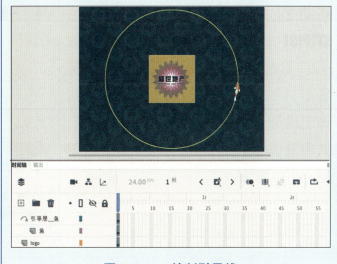

图 4.2.10　绘制引导线

STEP|10 延续各个图层的时长到第100帧，如图4.2.11所示。在"鱼"图层的"鱼游动"实例的第1帧和第100帧处分别吸附到引导线的上、下两个端点，并用"任意变形工具" 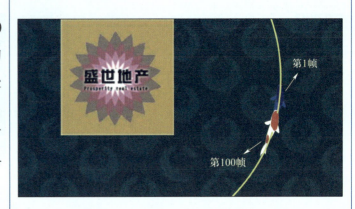 适当调整一下这两个关键帧处鱼的角度，旋转使其沿着曲线路径的方向。

图 4.2.11　调整两个关键帧实例位置

STEP|11 在"鱼"图层的两个关键帧之间添加"传统补间"，并在该补间的"属性"面板中勾选"调整到路径"选项，完成鱼绕标志环形游动的引导动画，如图4.2.12所示。

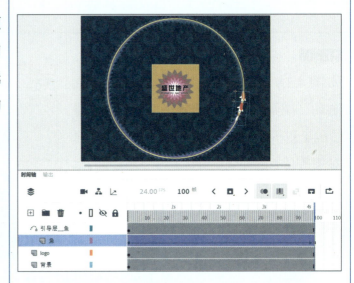

图 4.2.12　完成鱼绕标志游动的引导动画

活动2：Logo 效果

STEP|01 双击"库"面板中的"logo.psd"影片剪辑元件，进入元件的编辑场景，如图4.2.13所示，该元件时间轴上保持了PSD文件原有的三个图层，其中最后一个"图层1"图层是空白图层，可以删除。

图 4.2.13　进入元件场景

STEP|02　将"图层 3"图层拖曳到"图层 2"图层的上方，可以看到它是一个绘制好的多边形位图。如图 4.2.14 所示，单击"修改→位图→转换位图为矢量图"命令，将该位图转换为矢量图。

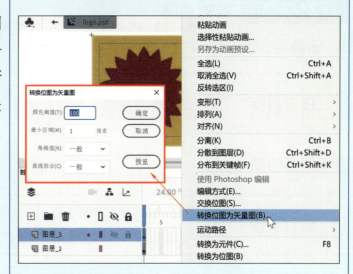

图 4.2.14　更改图层顺序

STEP|03　弹出"转换位图为矢量图"对话框，如图 4.2.15 所示，默认"颜色阈值"为"100"，"最小区域"改为"1"像素，单击"确定"按钮，将位图转换为矢量图。

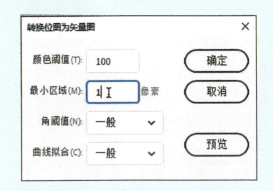

图 4.2.15　转换位图为矢量图

STEP|04　在"时间轴"面板的"图层 3"图层上单击鼠标右键，如图 4.2.16 所示，在弹出菜单中选择"遮罩层"命令，将该层转换为"遮罩层" ，而下面的"图层 2"图层自动转换为"被遮罩层" 。返回"场景 1"完成片头动画的制作。

> **小提示：**
>
> 　在制作遮罩效果时遮罩层要放置在被遮罩层的上面，如果需要在场景中预览遮罩效果，需要锁定遮罩层与被遮罩层。

图 4.2.16　转换遮罩层

Flash 任务2　卷轴动画

1. 任务导航

任务目标	掌握动态单层遮罩动画的制作	演示视频
任务活动	活动1：卷轴展开效果； 活动2：画面渐显效果	
素材资源	素材：模块 4\4.2\fla\4.2.1.fla 源文件：模块 4\4.2\fla\4.2.2.fla	

2. 任务实施

活动1：卷轴展开效果

STEP|01　按 Shift+F2 键，如图 4.2.17 所示，打开"场景"面板，单击"添加场景"按钮 ，添加"场景 2"，并进入"场景 2"的编辑场景中。

图 4.2.17　添加场景

STEP|02　在"场景"面板中单击"场景 1"返回"场景 1"，在"时间轴"面板"背景"图层上单击鼠标右键，在弹出菜单中选择"拷贝图层"命令，如图 4.2.18 所示。

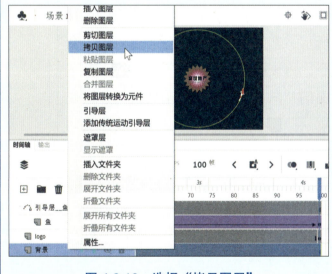

图 4.2.18　选择"拷贝图层"

STEP|03 再单击"场景"面板中的"场景2",进入"场景2",在"时间轴"面板"图层_1"图层上单击鼠标右键,在弹出菜单中选择"粘贴图层"命令,将"背景"图层粘贴到"场景2"中,如图4.2.19所示。

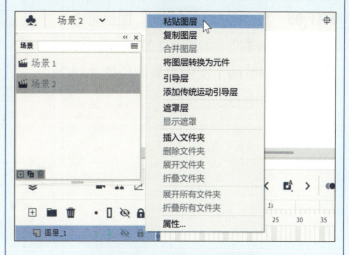

图 4.2.19 选择"粘贴图层"

STEP|04 将"时间轴"面板上的空白图层"图层1"拖到"背景"图层的上面,重命名为"卷轴左",在第1帧时,将"库"面板中的"卷轴"图形元件拖到舞台左侧,如图4.2.20所示,在"变形"面板中修改其大小为"35%"。延续图层时长到第100帧。

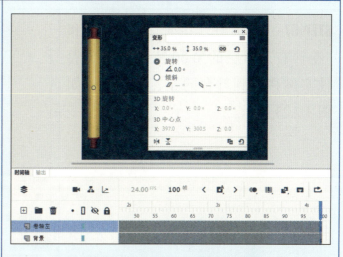

图 4.2.20 新建"卷轴左"图层

STEP|05 在"卷轴左"图层上单击鼠标右键,在弹出菜单中选择"复制图层"命令,如图4.2.21所示,复制出一个"卷轴左_复制"图层。

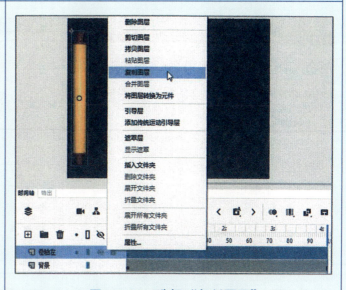

图 4.2.21 选择"复制图层"

STEP|06 将"卷轴左_复制"图层重命名为"卷轴右"，如图4.2.22所示，在第1帧处调节两个实例对象的位置并列放在舞台的中心。

图 4.2.22 图层更名

STEP|07 分别在"卷轴左"图层和"卷轴右"图层的第30帧处将两个卷轴实例移动到舞台的左、右两侧，如图4.2.23所示。

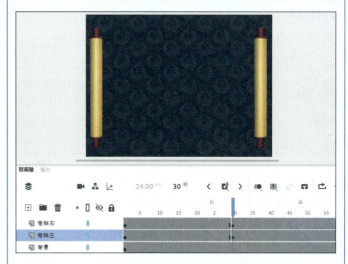

图 4.2.23 调节卷轴位置

STEP|08 分别在"卷轴左"图层和"卷轴右"图层的第1~30帧之间创建传统补间动画，如图4.2.24所示，完成卷轴打开动画效果。

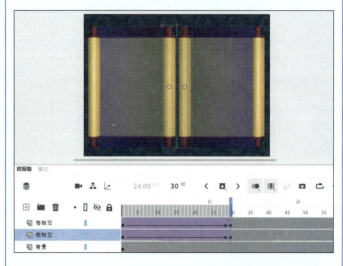

图 4.2.24 为卷轴添加传统补间实现卷轴打开动画

活动 2：画面渐显效果

STEP|01　新建图层，命名为"卷轴遮罩"，将该图层拖到"卷轴左"的下层，在第 1 帧时，用"矩形工具" 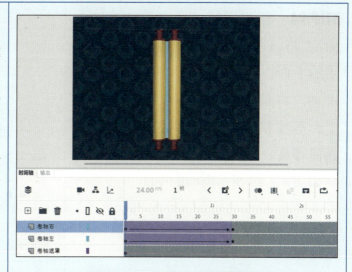 在两个卷轴之间绘制一个"笔触颜色"为"无"、任意填充颜色且与卷轴卷筒部分等高的矩形，如图 4.2.25 所示。

图 4.2.25　绘制"卷轴遮罩"

STEP|02　在"卷轴遮罩"的第 30 帧处，如图 4.2.26 所示，用"任意变形工具" 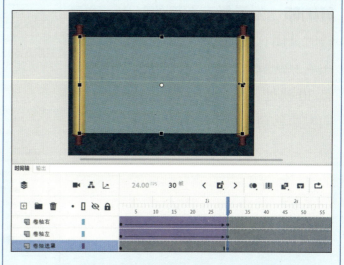　将刚才绘制的矩形宽度拉伸至正好连接两个卷轴的大小。

图 4.2.26　调节第 30 帧处的"卷轴遮罩"

STEP|03　如图 4.2.27 所示，创建"卷轴遮罩"图层的第 1~30 帧的补间形状，完成卷轴遮罩打开动画。

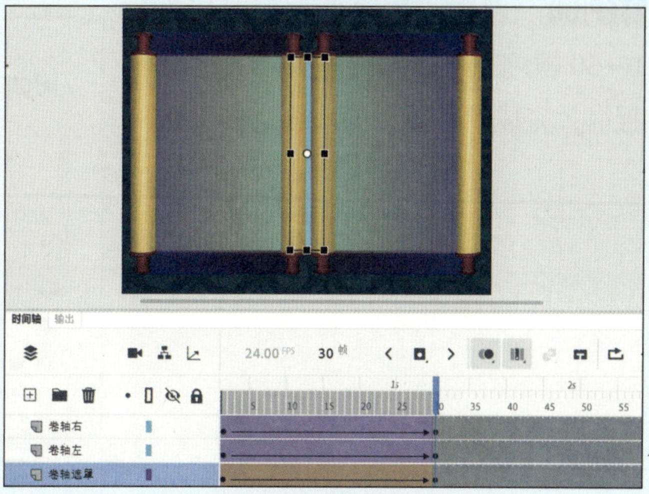

图 4.2.27　卷轴遮罩的动画

STEP|04　新建图层，命名为"卷轴画面"，将该图层拖动到"卷轴遮罩"图层的下面，在第1帧时，将"库"面板中的"背景图片"图形元件拖入舞台上，等比例缩小至82%左右，使其与卷筒等高，并左对齐与舞台边界，放置到如图4.2.28所示画面的中间。

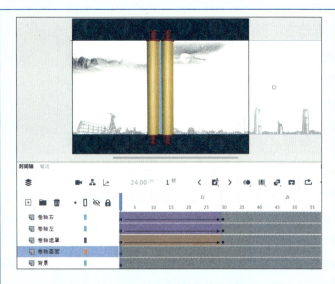

图 4.2.28　拖入"背景图片"图形元件

STEP|05　为了便于下面的制作，这里暂时关闭"卷轴遮罩"图层的显示。如图4.2.29所示，在"卷轴画面"图层的第30帧处，将"背景图片"实例对象向左边移动一段距离。

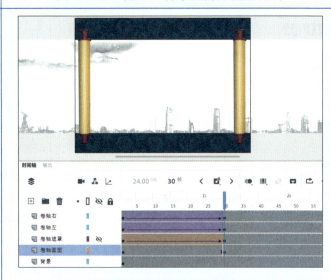

图 4.2.29　移动第 30 帧处"背景图片"实例对象

STEP|06　创建"卷轴画面"图层的第1～30帧之间的传统补间，如图4.2.30所示，完成卷轴背景画面移动的动画。

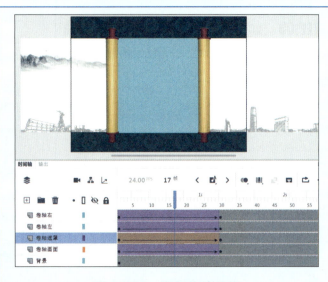

图 4.2.30　添加传统补间

STEP|07 在"卷轴遮罩"图层上单击鼠标右键，在弹出菜单中选择"遮罩层"命令，"卷轴遮罩"图层变为遮罩层，"卷轴画面"图层变为被遮罩层，实现卷轴打开的动态遮罩效果，如图4.2.31所示。

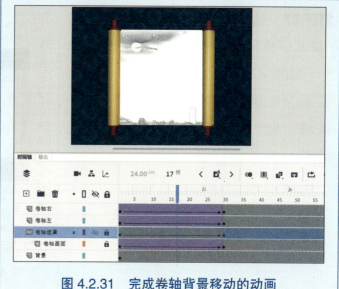

图 4.2.31 完成卷轴背景移动的动画

任务3 文字动画

1. 任务导航

任务目标	掌握动态多层遮罩动画的制作
任务活动	活动1：文字渐显效果； 活动2：文字过光效果
素材资源	素材：模块4\4.2\fla\4.2.2.fla 源文件：模块4\4.2\fla\4.2.3.fla

演示视频

2. 任务实施

活动1：文字渐显效果

STEP|01 在"时间轴"面板最上层新建图层，命名为"广告标题"，在图层的第30帧处，从"库"面板中拖入"广告标题.png"位图图片到舞台上，如图4.2.32所示，适当调整其大小（等比例缩小至20%左右）和位置，放置到背景图片上。

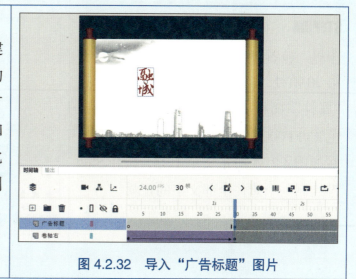

图 4.2.32 导入"广告标题"图片

STEP|02　选中该图片实例对象，单击"修改→位图→转换位图为矢量图"命令，如图4.2.33所示，在打开的"转换位图为矢量图"对话框中设置"最小区域"为1像素，将此位图转换为矢量图。

图4.2.33　将"广告标题"位图转换为矢量图

STEP|03　选择"文本工具" T ，在舞台上如图4.2.34所示位置输入传统静态文本"融科天城2期精彩呈现"，设置文字输入方式为"垂直，从左向右"，"大小"为25 pt，其他选项可任意设置，且将文字按Ctrl+B快捷键两次分离为图形。

> **小提示：**
> 　　在制作文字遮罩时，文字必须是分离状态，否则在生成动画时文字遮罩的效果有可能不会显示。

图4.2.34　输入广告文字

STEP|04　在"卷轴右"图层的上方新建图层，命名为"文字遮罩"。在该图层的第30帧处，选择"椭圆工具" ，在"属性"面板中设置"填充颜色"为红色（#FF0000）、"笔触颜色"为"无"，在如图4.2.35所示文字上方，按住Shift键绘制一个遮住全部文字的正圆。

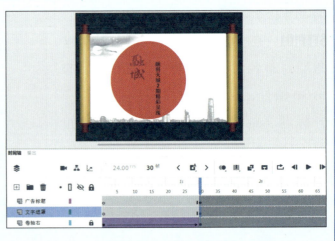

图4.2.35　绘制正圆

STEP|05 在"文字遮罩"图层的第 50 帧处按 F6 键插入关键帧，选中此图层第 30 帧处的实例对象，打开"颜色"面板，将此处的颜色的 Alpha 值调整为 0，如图 4.2.36 所示，创建此图层第 30 ~ 50 帧的形状补间。

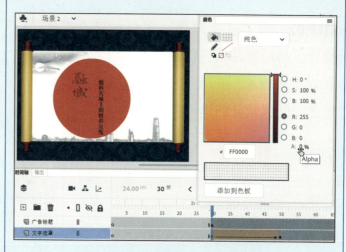

图 4.2.36 调节第 30 帧的正圆

STEP|06 在"广告标题"图层单击鼠标右键，在弹出的菜单中选择"遮罩层"命令，如图 4.2.37 所示，将"广告标题"图层转换为遮罩层，"文字遮罩"图层转换为被遮罩层，实现文字渐显动画效果。

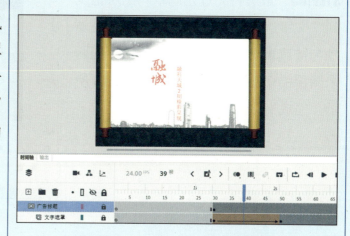

图 4.2.37 实现文字渐显动画效果

活动 2：文字过光效果

STEP|01 在"时间轴"面板最上层新建图层，命名为"过光遮罩"，在该图层的第 55 帧处在舞台上绘制一个如图 4.2.38 所示的"笔触颜色"为"无"、"填充颜色"为黄色且上窄下宽的图形，放置在广告标题文字的上方。

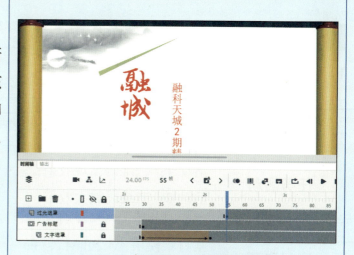

图 4.2.38 创建"过光遮罩"图层

STEP|02 在"过光遮罩"图层的第75帧处，将绘制的黄色图形放置在文字的下方，如图4.2.39所示，添加两个关键帧之间的形状补间动画。

图4.2.39 制作"过光遮罩"动画

STEP|03 最后将"过光遮罩"图层拖曳到"文字遮罩"图层的上方，使之也缩进为被遮罩层，并锁定该图层，实现两个图层的多层遮罩效果，如图4.2.40所示，完成文字过光的动画效果。

图4.2.40 实现多层遮罩效果

任务4 二维码动画

1. 任务导航

任务目标	用遮罩技术实现放大镜效果动画	
任务活动	活动1：二维码出现效果； 活动2：二维码放大效果	演示视频
素材资源	素材：模块4\4.2\fla\4.2.3.fla 源文件：模块4\4.2\fla\地产广告.fla	

2. 任务实施

活动 1：二维码出现效果

STEP|01　在"时间轴"面板最上层新建图层"二维码"，如图 4.2.41 所示，在该图层的第 75 帧处，从"库"面板中拖出"二维码"图形元件到舞台上，并缩小至 30%，放置在舞台上"融城"文字的下方。

图 4.2.41　转换图形元件

STEP|02　在"二维码"图层第 80 帧处，将该实例缩小至 15%，如图 4.2.42 所示，添加第 75～80 帧的传统补间，完成二维码出现的动画效果。

图 4.2.42　制作二维码出场的动画效果

活动 2：二维码放大效果

STEP|01　在"时间轴"面板最上层新建图层"二维码放大"。复制"二维码"图层第 75 帧处舞台的实例对象，选中"二维码放大"图层的第 85 帧，单击"编辑→粘贴到当前位置"命令，将复制的实例对象粘贴到舞台当前位置，如图 4.2.43 所示。

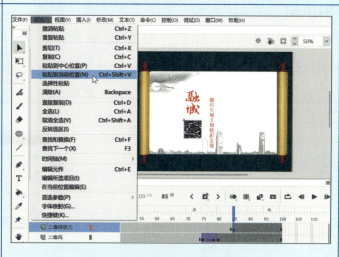

图 4.2.43　添加放大的二维码

STEP|02　新建图层，命名为"放大镜"，如图4.2.44所示，在该图层的第85帧处，从"库"面板中拖出"放大镜"图形元件到舞台上放大的二维码左边，更改其大小为30%左右。

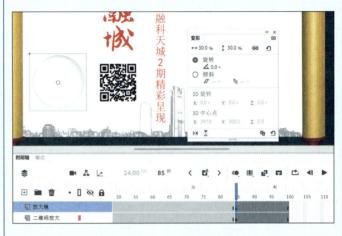

图4.2.44　添加"放大镜"

STEP|03　在"放大镜"图层第95帧处，将"放大镜镜片"实例对象移动到放大镜的二维码上。如图4.2.45所示，添加第85～95帧的传统补间动画。

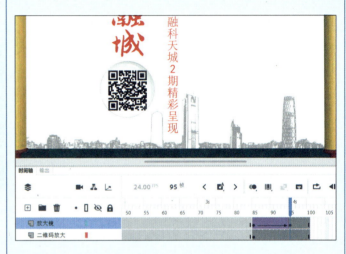

图4.2.45　制作"放大镜"移动动画

STEP|04　在"放大镜"图层下方新建一个"放大镜遮罩"图层，如图4.2.46所示，在该图层的第85帧处，绘制一个与放大镜镜片等大的无笔触颜色、任意填充色的正圆，放置于放大镜镜片的位置。

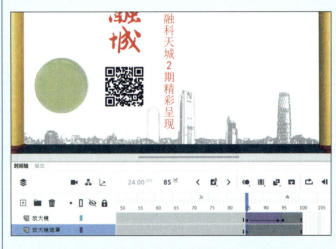

图4.2.46　添加"放大镜遮罩"图层

STEP|05 与"放大镜"图层一样，在"放大镜遮罩"图层的第95帧处，仍然将正圆放置于放大镜镜片的位置，如图4.2.47所示，创建"放大镜遮罩"图层的第80～95帧的补间形状动画，完成放大镜和正圆同时移动的动画效果。

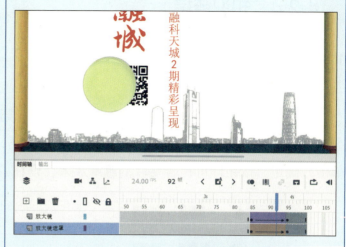

图 4.2.47　制作放大镜遮罩动画

STEP|06 在"放大镜遮罩"图层单击鼠标右键，选择"遮罩层"命令，将其转换为遮罩层，"二维码放大"图层变为被遮罩层，如图4.2.48所示。

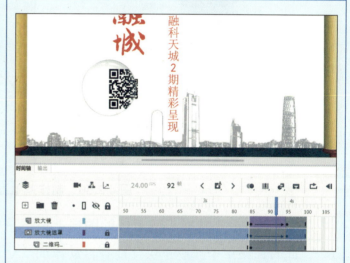

图 4.2.48　转换遮罩层和被遮罩层

STEP|07 将"时间轴"面板所有图层的第150帧按F5键插入普通帧延续时长，保存文档，如图4.2.49所示，按Ctrl+Enter快捷键预览最终完成的动画效果。

图 4.2.49　完成最终动画效果

4.2.4　知识链接

1. 遮罩层的制作方法

（1）设置与取消遮罩层

方法1：在图层上单击鼠标右键或直接双击图层图标 ，在弹出的菜单中选择"属性"命令，将打开如图4.2.50所示的"图层属性"对话框，在"类型"中选择"遮罩层"单选按钮，单击"确定"按钮即可；若要取消遮罩效果，则在"类型"中选择"一般"单选按钮即可。

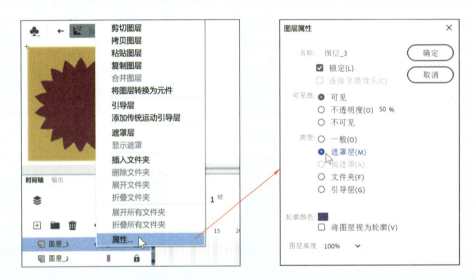

图 4.2.50　制作遮罩层（方法 1）

方法2：在需要转换为遮罩层的图层上单击鼠标右键，在弹出的菜单中选择"遮罩层"命令，此时，菜单中"遮罩层"前会自动添加"√"，将它设置为遮罩层，如图4.2.51所示；反之，若想恢复已经设置了遮罩效果的图层为普通图层，则再次单击"遮罩层"，取消前面的勾选即可。

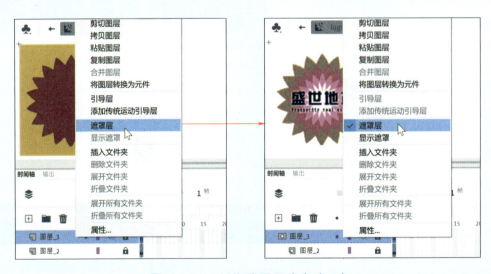

图 4.2.51　制作遮罩层（方法 2）

设置遮罩层后，原来的图层图标会发生相应的变化，上面的图标 ⊙ 表示该层是遮罩层，下面的图标 ⊡ 表示该层是被遮罩层。建立遮罩层后，Animate 会自动锁定遮罩层与被遮罩层，如果需要编辑，应先解锁（解锁后就看不见遮罩效果了）再编辑。

（2）建立与取消被遮罩层

方法1：在"时间轴"面板的图层控制栏中，用鼠标将已经存在的普通图层拖曳到遮罩图层的下面，如图 4.2.52 所示。反之，用鼠标将已经存在的被遮罩层拖出到遮罩图层外面，即可恢复普通图层。

方法2：双击图层 ⬜ 图标，在"图层属性"对话框中，选择"类型"为"被遮罩"。反之，选择"类型"为"一般"，即可取消与被遮罩层的链接，恢复为普通图层。

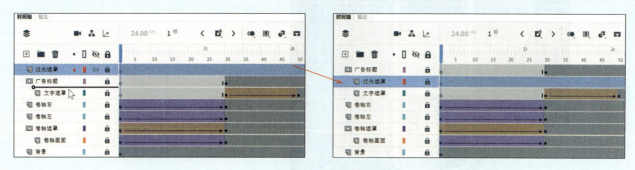

图 4.2.52　建立多层遮罩

2. 遮罩动画制作技巧

① 遮罩动画只能有一个遮罩层，遮罩层不能创建在按钮内部，也不能将一个遮罩层应用于另一个遮罩层，但可以有多个被遮罩层。

② 遮罩层和被遮罩层中的对象均可以创建动画，遮罩层提供动画效果的形式，被遮罩层提供动画效果的内容。遮罩动画显示出来的颜色是被遮罩层的颜色，与遮罩层的颜色无关。

③ 遮罩层中的对象可以是任意的填充形状，如组、元件和文本等，Animate 会忽略遮罩层中的位图、渐变、透明度、颜色和线条样式。在遮罩层中的任何填充区域都是完全透明的；而任何非填充区域都是不透明的。

④ 使用文本创建遮罩动画，必须使用传统文本。在文本没有分离的情况下作为遮罩，有时遮罩效果在生成动画文件后不能显示，如果遇到此类情况，应该将遮罩文字分离为形状。

⑤ 如果要在场景中预览遮罩效果，必须保持遮罩层与被遮罩层同时被锁定。

4.2.5　学习检测

	知 识 要 点	掌握程度
知识获取	理解遮罩动画的原理	
	知道创建和取消遮罩层与被遮罩层的方法	
	熟知遮罩动画制作技巧	

	实训案例（图 4.2.53）	技能目标	掌握程度
技能掌握	图 4.2.53　元宵节宣传片	任务 1　探照灯静态效果 ↘ 制作静态遮罩动画	
		任务 2　动态探照灯效果 ↘ 制作动态单层遮罩动画	
		任务 3　滚动字幕效果 ↘ 制作动态多层遮罩动画	

　　说明："掌握程度"可分为三个等级："未掌握""基本掌握""完全掌握"，读者可分别使用"×""○""√"来呈现记录结果，以便以后的巩固学习。

4.3 骨骼动画
案例——英语课件

4.3.1 案例分析

1. 案例设计

在二维动画中，经常需要制作角色的运动动画，如走路、跑步、跳跃等，以前都是通过逐帧动画来实现，这样需要绘制每一个动作，操作复杂且周期长。而反向运动（IK）的出现，就解决了这个问题，它利用"骨骼工具"实现了角色运动动作，操作起来简单、方便。

本案例是运用骨骼动画制作一个学习单词的英语小课件，用毛毛虫的运动表现单词Crawl（爬），用松鼠的运动表现单词 Run（跑）。用信息技术为教学方式的变革提供有利支持。

2. 学习目标

理解骨骼动画的原理，掌握使用"骨骼工具"向形状和元件添加 IK 骨骼的方法，学会创建骨骼动画，并了解约束骨骼运动的方法。

3. 策划导图

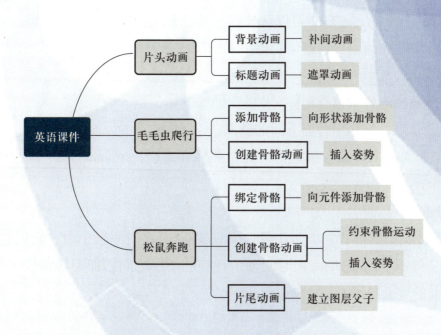

4.3.2　预备知识

1. 反向运动（IK）

在动画设计软件中，运动学系统分为正向运动学和反向运动学这两种。正向运动学指的是对于有层级关系的对象来说，父对象的动作将影响到子对象，而子对象的动作将不会对父对象造成任何影响。例如，当对父对象进行移动时，子对象也会同时随着移动。而子对象移动时，父对象不会产生移动。由此可见，正向运动学中的动作是向下传递的。

与正向运动学不同，反向运动学中动作传递是双向的，当父对象进行位移、旋转或缩放等动作时，其子对象会受到这些动作的影响，反之，子对象的动作也将影响到父对象。反向运动是通过一种连接各种物体的辅助工具来实现的运动，这种工具就是 IK 骨骼，也称为反向运动骨骼。使用 IK 骨骼制作的反向运动学动画，就是骨骼动画。

2. IK 骨骼

（1）可通过以下方法使用 IK 骨骼

● 使用形状作为多块骨骼的容器。例如，本案例中可以在毛毛虫图形中添加骨骼，以使其逼真地爬行。

● 将元件实例链接起来。例如，本案例中可以将松鼠的头部、躯干、手、大腿、小腿和尾巴元件实例链接起来，以使其彼此协调而逼真地奔跑。每个实例都只有一个骨骼。

（2）骨骼样式

在时间轴中选择 IK 骨骼范围，如图 4.3.1 所示，在"属性"面板"帧"选项卡中展开"选项"，在"样式"下拉列表框中可以选择以下 4 种方式在舞台上绘制骨骼：

① 线框：此方法在纯色样式遮住骨骼下的插图太多时很有用。

② 实线：默认的显示方式。

③ 线：对于较小的骨架很有用。

④ 无：隐藏骨骼，仅显示骨骼下面的插图。

注意：如果将骨骼"样式"设置为"无"并保存文档，Animate 在下次打开该文档时会自动将骨骼"样式"更改为"线"。

（3）姿势图层

当用户向元件实例或形状中添加骨骼时，Animate 会在时间轴中为它们创建一个新图层，此新图层称为姿势图层。Animate 向时间轴中现有的图层之间添加姿势图层，可以使舞台上的对象保持以前的堆叠顺序。

图 4.3.1　松鼠图形元件场景

4.3.3　案例实施

| Flash | 任务 1 | 片头动画 |

1. 任务导航

任务目标	● 巩固元件的使用方法； ● 巩固遮罩动画的制作方法	
任务活动	活动 1：背景动画； 活动 2：标题动画	演示视频
素材资源	素材：模块 4\4.3\ 素材\ 源文件：模块 4\4.3\fla\4.3.1.fla	

2. 任务实施

活动1：背景动画

STEP|01 启动 Animate，单击"文件→新建"命令，打开"新建文档"对话框，如图 4.3.2 所示，选择"触动画"中的"高清 1280×720"预设选项，其他选项采用默认设置，创建一个新文档，文件保存为"英语课件.fla"。

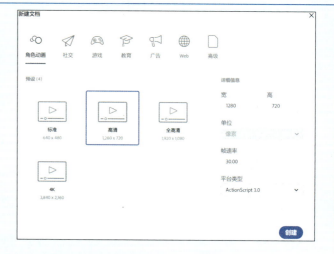

图 4.3.2　新建文档"英语课件.fla"

STEP|02 单击"文件→导入→导入到舞台"命令（快捷键 Ctrl+R），打开"导入"对话框，将"素材"文件夹中的"背景.png"图片文件导入到舞台，如图 4.3.3 所示，选中导入的背景图片，按 F8 键将其转换为图形元件"背景"，并拖动鼠标让背景画面右侧显示在舞台上。

图 4.3.3　导入"背景.png"文件到舞台

STEP|03 单击"文件→导入→导入到库"命令，打开"导入到库"对话框，选择"素材"文件夹中的"毛毛虫整体.ai"图片文件，单击"打开"按钮。此时会弹出"将'毛毛虫整体.ai'导入到库"对话框，如图 4.3.4 所示，在"将图层转换为"下拉列表框中选择"单一 Animate 图层"选项，其他选项采用默认设置，单击"导入"按钮。

图 4.3.4　将"毛毛虫整体.ai"导入到库

STEP|04 用同样的方式导入"素材"文件夹中的"松鼠.ai",并将"素材"文件夹中的其他图片文件一次性导入到库中,如图 4.3.5 所示,"库"面板中"毛毛虫整体.ai"和"松鼠.ai"导入后自动生成同名的图形元件。

图 4.3.5 "库"面板

STEP|05 在"时间轴"面板上将"图层_1"图层重命名为"背景",在第 1 帧处创建补间动画,延续动画时长到第 210 帧,如图 4.3.6 所示,在第 210 帧处,向右拖动舞台上的补间对象,直至背景画面左侧显示在舞台上,创建一个背景向右移动的补间动画。

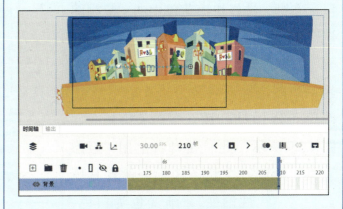

图 4.3.6 制作背景动画

活动 2:标题动画

STEP|01 新建图层,重命名为"标题",从"库"面板中拖入"卷轴.png"图片到舞台的中心位置,如图 4.3.7 所示,按 F8 键将其转换为图形元件"标题"。

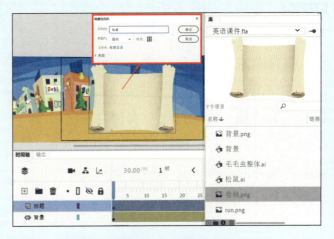

图 4.3.7 转换为"标题"图形元件

STEP|02 双击舞台上的"标题"实例对象，进入该图形元件的编辑场景，如图4.3.8所示，将场景中时间轴上的"图层_1"图层重命名为"卷轴"，新建图层，重命名为"标题文字"，在卷轴中用"文本工具"输入"Action Verbs"的静态文本，在"属性"面板中为其设置合适的字体和大小，设置"填充颜色"为咖啡色（#996600），延续各图层时长到第60帧。

图4.3.8 "标题"元件场景

STEP|03 在"标题文字"图层上单击鼠标右键，选择快捷菜单中的"复制图层"命令，将该图层复制生成"标题文字_复制"图层。在这两个图层之间新建一个图层，重命名为"过光"，在该图层的第10帧处插入空白关键帧，如图4.3.9所示，此时在舞台上用"矩形工具"绘制一个长条矩形，设置其填充色为"线性渐变"，渐变色为白色，Alpha（不透明度）由0~100%~0。

图4.3.9 绘制长条矩形

STEP|04 将绘制的长条矩形转换为图形元件，命名为"过光"，如图4.3.10所示，将其向左旋转一定角度，放置在文字的左下角；在"过光"图层第35帧处插入关键帧，将"过光"实例对象拖动到文字的右上方；最后创建第10~35帧的传统补间动画，让实例对象从文字的左下角移动到右上角。

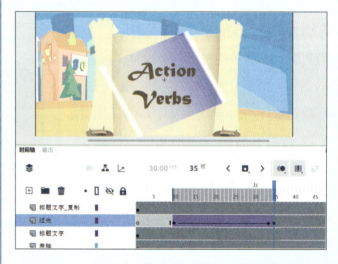

图4.3.10 为"过光"实例对象创建传统补间动画

STEP|05　在"标题文字_复制"图层上单击鼠标右键，选择快捷菜单中的"遮罩层"命令，此时"过光"图层自动缩进为"被遮罩层"，如图 4.3.11 所示，拖动播放头在时间轴上预览此元件场景动画，可以看到标题文字出现的过光动画效果。

图 4.3.11　创建遮罩动画

STEP|06　返回场景 1，如图 4.3.12 所示，依次在"标题"图层的第 10、50、60 帧处按 F6 键插入关键帧，在第 61 帧处按 F7 插入空白关键帧。

图 4.3.12　返回场景 1

STEP|07　创建第 1~10 帧和第 50~60 帧关键帧的传统补间动画。然后，如图 4.3.13 所示，将第 1 帧和第 60 帧关键帧处舞台上实例对象的 Alpha 值设置为 0。保存文档，按 Ctrl+Enter 快捷键预览完成后的片头效果。

图 4.3.13　设置实例对象 Alpha 值

任务2 **毛毛虫爬行**

1. 任务导航

任务目标	• 理解骨骼动画的原理； • 掌握向形状添加 IK 骨骼的方法； • 学会创建骨骼动画	演示视频
任务活动	活动 1：添加骨骼； 活动 2：创建骨骼动画	
素材资源	素材：模块 4\4.3\fla\4.3.1.fla 源文件：模块 4\4.3\fla\4.3.2.fla	

2. 任务实施

活动 1：添加骨骼

STEP|01 在"库"面板中双击"毛毛虫整体 .ai"图形元件，进入元件编辑场景，如图 4.3.14 所示，选中场景中的毛毛虫图形，按 Ctrl+B 快捷键，将其完全分离成形状。

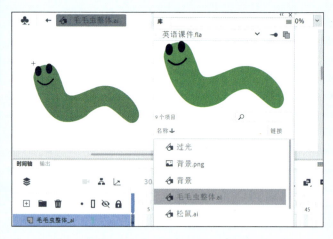

图 4.3.14 分离成形状

STEP|02 单击"工具"面板中的"编辑工具栏"按钮，打开"拖放工具"面板，如图 4.3.15 所示，将"拖放工具"面板中的"骨骼工具" 🦴 和"绑定工具" 🖐 拖到左侧"工具"面板中。再次单击"编辑工具栏"按钮，关闭"拖放工具"面板。

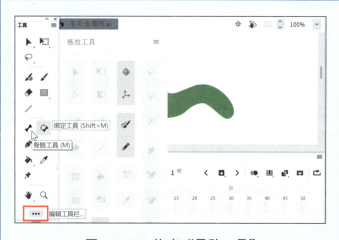

图 4.3.15 拖出"骨骼工具"

STEP|03　框选整个毛毛虫形状，用"骨骼工具"操作如下：① 从其头部开始单击并向右下方拖动到第一个弯曲处，创建第一个骨骼；② 紧接着单击第一根骨骼的尾部，并向右上方拖动到第二个弯曲处，如图 4.3.16 所示，第二个骨骼为第一个骨骼的子级；③ 再继续向右下方拖动到尾部。此时创建了三个骨骼，且时间轴的普通图层自动转换为"骨架_1"姿势图层。

小提示：

　　形状可以包含多个颜色和笔触，如果形状太复杂，Animate 在添加骨骼之前会提示用户将其转换为影片剪辑。

图 4.3.16　添加骨骼

活动 2：创建骨骼动画

STEP|01　用"选择工具"单击选中第一根骨骼，当鼠标指向骨骼尾部时，单击此处，如图 4.3.17 所示，中间的实心小圆点会变为小圆环，此时在"对象"选项卡的"位置"选项中会自动勾选"固定"复选框，这是将第一根骨骼固定住，也就是在做毛毛虫运动动画的过程中将它的头部固定住。

图 4.3.17　固定骨骼

STEP|02　选中"骨架_1"姿势图层的第 10 帧，单击鼠标右键，如图 4.3.18 所示，在弹出的快捷菜单中选择"插入姿势"命令，在此处插入一个姿势。

小提示：

　　对 IK 骨架只需要向姿势图层添加帧并在舞台上重新定位骨架即可创建关键帧。姿势图层中的关键帧称为姿势。由于 IK 骨架通常用于动画目的，因此每个姿势图层都自动充当补间图层。

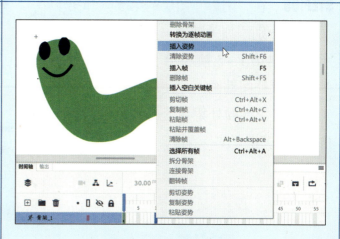

图 4.3.18　插入姿势

STEP|03 将播放头移动到第5帧处，如图4.3.19所示，用"选择工具"单击并拖动毛毛虫第三根骨骼尾部，改变其身体形态，此时在"骨架_1"图层的第5帧处会自动添加一个姿势。此时拖动播放头，可以看到毛毛虫蠕动的动画效果。

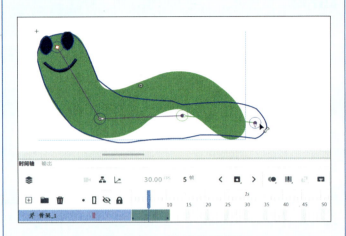

图 4.3.19　拖动骨骼尾部

STEP|04 在时间轴上新建图层，重命名为"阴影"，将其拖到"骨架_1"姿势图层的下方，如图4.3.20所示，用"椭圆工具"在毛毛虫的正下方绘制一个"笔触颜色"为"无"、填充颜色为褐色（#996666）的椭圆形作为毛毛虫的阴影。

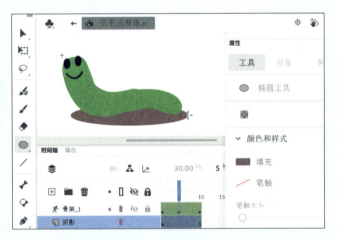

图 4.3.20　绘制阴影

STEP|05 在"阴影"图层的第5帧和第10帧处分别添加关键帧，如图4.3.21所示，创建第1~5帧和第5~10帧关键帧的形状补间动画。并使用"任意变形工具"将第5帧处舞台上的阴影形状宽度拉大一些。

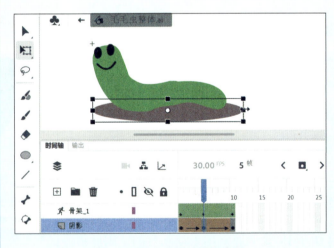

图 4.3.21　制作阴影动画

STEP|06 返回场景1，新建"毛毛虫"图层，在第60帧处插入空白关键帧，将"库"面板中的"毛毛虫整体.ai"图形元件拖入舞台右下角处，如图4.3.22所示，然后在"毛毛虫"图层的第65、135、140帧处分别插入关键帧，在第141帧处插入空白关键帧。

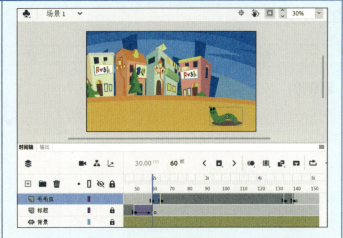

图 4.3.22 拖入"毛毛虫整体.ai"元件到舞台

STEP|07 最后创建"毛毛虫"图层第60～65帧和第135～140帧的传统补间动画，如图4.3.23所示，设置第60帧和第140帧关键帧处舞台上的"毛毛虫整体.ai"实例对象Alpha（不透明度）值为0。保存文档，按Ctrl+Enter快捷键预览完成后的毛毛虫爬行效果。

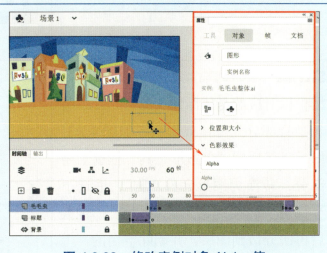

图 4.3.23 修改实例对象 Alpha 值

Flash 任务3   松鼠奔跑

1. 任务导航

任务目标	• 掌握向元件添加 IK 骨骼的方法； • 了解约束骨骼运动的方法	
任务活动	活动 1：绑定骨骼； 活动 2：创建骨骼动画； 活动 3：片尾动画	演示视频
素材资源	素材：模块 4\4.3\fla\4.3.2.fla 源文件：模块 4\4.3\fla\Animate 动画课堂.fla	

2. 任务实施

活动1：绑定骨骼

STEP|01 在"库"面板中双击"松鼠.ai"图形元件，进入元件编辑场景。选中场景中的松鼠图形，按Ctrl+B快捷键，将松鼠的各个身体部位分离成图形组。然后如图4.3.24所示，单击鼠标右键，在弹出的快捷菜单中选择"分散到图层"命令，将各个身体部位分散到各个图层中。

图 4.3.24　分散到图层

STEP|02 将时间轴自动生成的各个图层按松鼠对应的身体部位重命名，其中将上半身部分先分离成形状，如图4.3.25所示，然后用"多边形工具"框选上半部分，转换为图形元件"胸"，框选下半部分，转换为图形元件"腰"，转换后再次分散到图层，并删除空白的"上半身"图层。

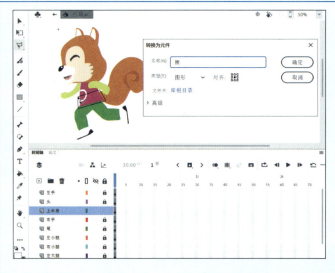

图 4.3.25　转换为元件

STEP|03 将各个图层中松鼠身体部位分别转换为对应的图形元件，如图4.3.26所示，包括"左手""头""胸""腰""右手""尾""左小腿""右小腿""左大腿""右大腿"。

> **小提示：**
>
> 　　实际上这些图形组对象不分散到图层也能转换为对应的图形元件，但在后面绑定骨骼时，就必须调节转换后各部分实例的上、下层次关系。

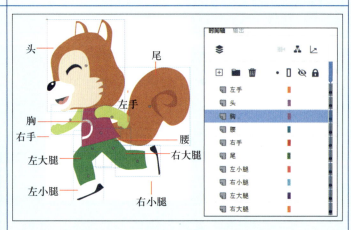

图 4.3.26　转换为对应的图形元件

STEP|04 使用"骨骼工具"先从松鼠的"胸"实例对象向"头"实例对象拖出一个骨骼来，如图 4.3.27 所示，这时"时间轴"面板会多出一个"骨架_n"姿势图层，将骨骼所连接的对象都转入这个姿势图层中，而其他还没有关联的实例对象还留在各自图层中。

> **小提示：**
> 注意用"骨骼工具"拖出骨骼的时候，从一个实例对象内部拖向另外一个实例对象内部。拖完后可以用"选择工具"拖动其中一个检验是否联动。

图 4.3.27 拖出骨骼

STEP|05 继续添加松鼠从"胸"向"左手"、"胸"向"右手"、"胸"向"腰"；从"腰"向"尾巴"、"腰"向"左大腿"、"腰"向"右大腿"实例对象的骨骼；从"左大腿"向"左小腿"、"右大腿"向"右小腿"实例对象拖出骨骼，绑定整个角色的身体各个部位，如图 4.3.28 所示，此时时间轴的全部图层自动转换到"骨架_n"姿势图层。

> **小提示：**
> 绑定后可使用"任意变形工具"通过改变变形点的位置来调节骨骼联结的节点位置。

图 4.3.28 绑定骨骼

活动 2：创建骨骼动画

STEP|01　用"选择工具"单击选中第一根骨骼，当鼠标指向骨骼尾部时，单击此处，如图 4.3.29 所示，将第一根骨骼固定住，也就是松鼠在运动过程中将它的头部固定住。

图 4.3.29　固定骨骼

STEP|02　选中松鼠的胸和腰部相连的骨骼，如图 4.3.30 所示，在"对象"属性面板中勾选"关节：旋转""关节：X 平移""关节；Y 平移"选项栏的"约束"复选框，约束值均为默认的旋转在 45°范围内偏移，平移在 10° 范围内偏移。

图 4.3.30　约束骨骼运动

STEP|03　选中姿势图层的第 20 帧，单击鼠标右键，在弹出的快捷菜单中选择"插入姿势"命令，插入一个姿势，然后将播放头移动到第 4、8、12、16 帧处，依次用"选择工具"拖动松鼠手和腿部的骨骼关节旋转，如图 4.3.31 所示，调节不同的跑步姿势。此时拖动播放头，可以看到松鼠跑步的动画效果。

第4帧　　　　第8帧

第12帧　　　　第16帧

图 4.3.31　插入姿势

STEP|04 在时间轴上新建图层,重命名为"阴影",将其拖到姿势图层的下方。用"椭圆工具"在松鼠的正下方绘制一个"笔触颜色"为"无"、"填充颜色"为褐色(#996666)的椭圆形作为松鼠的阴影。在"阴影"图层的第4、8、12、16、20帧处分别添加关键帧,如图4.3.32所示,使用"任意变形工具"适当调节阴影形状的不同宽度,最后创建两两关键帧之间的形状补间动画,使阴影的大小随松鼠的姿势一起变化。

图 4.3.32 制作阴影动画

STEP|05 返回场景1,新建图层,重命名为"松鼠",在第60帧处插入空白关键帧,将"库"面板中的"松鼠.ai"图形元件拖入舞台中间位置,调整其大小至70%,如图4.3.33所示,然后在"松鼠"图层的第65、135、140帧处分别插入关键帧,在第141帧处插入空白关键帧。

图 4.3.33 拖入"松鼠 .ai"元件到舞台

STEP|06 最后创建"松鼠"图层第60~65帧和第135~140帧之间的传统补间动画,如图4.3.34所示,设置第60帧和第140帧关键帧处舞台上的"松鼠.ai"实例对象 Alpha(不透明度)值为0。保存文档,按 Ctrl+Enter 快捷键预览完成后的松鼠跑步效果。

图 4.3.34 修改实例 Alpha 值

活动 3：片尾动画

STEP|01 在"时间轴"面板"松鼠"图层上新建图层"跑单词"，在第 65 帧处插入关键帧，如图 4.3.35 所示，拖入"库"面板中的"run.png"图片到舞台松鼠实例的左上方，在第 135 帧处插入空白关键帧；同样在"毛毛虫"图层上新建"爬单词"图层，在第 65 帧处插入关键帧，拖入"库"面板中的"crawl.png"图片到舞台上毛毛虫实例的左上方，在第 135 帧处插入空白关键帧。单击"时间轴控件"中的"显示父级视图"按钮 ，启用建立图层父子关系视图。

图 4.3.35　动画最终效果

STEP|02 在图层父子关系视图中，如图 4.3.36 所示，单击"爬单词"图层手柄（颜色头）并将其拖动到"毛毛虫"图层上，图层的颜色头附近出现虚线，释放单击和拖动操作，两个图层之间就建立父子连接。同样建立"跑单词"和"松鼠"图层之间的父子连接。

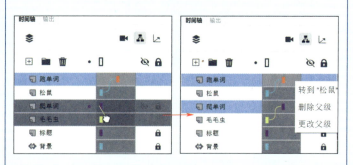

图 4.3.36　建立图层父子关系视图

小提示：

在"建立父子关系"视图中，当用户将图层 1 拖动到图层 2 之上时，图层 1 会成为父级图层 2 的子项。除保留自己的属性外，子图层上的对象还继承父级图层上对象的位置和旋转。

如果需要删除连接，可以在水平空间上单击，然后选择"删除父项"命令即可。

STEP|03 再次单击"隐藏父级视图"按钮，关闭图层父子关系视图。在"库"面板中鼠标右键单击"标题"图形元件，在弹出的快捷菜单中选择"直接复制"命令，如图4.3.37所示，在打开的"直接复制元件"对话框中设置图形元件名称为"结尾"，单击"确定"按钮。

图 4.3.37 复制元件

STEP|04 双击"库"面板中的"结尾"图形元件进入该元件的编辑场景，如图4.3.38所示，删除多余图层，只保留"卷轴"图层和"文字"图层，在"文字"图层中修改内容为"Today New Words：Run（跑）、Crawl（爬）"，适当调整文字字体和大小。

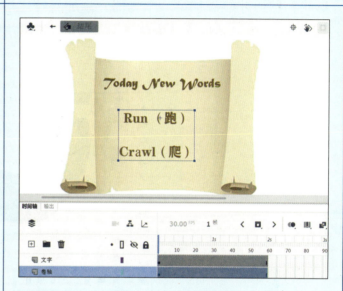

图 4.3.38 编辑元件

STEP|05 返回"场景1"，在"时间轴"面板上新建图层，重命名为"结尾"。在此图层的第140帧处插入关键帧，将"库"面板中的"结尾"图形元件拖入舞台中心位置，并在第150帧处也插入关键帧，如图4.3.39所示，创建第140~150帧之间的传统补间动画，将第140帧处舞台上的实例对象Alpha值设置为0。保存文档，按Ctrl+Enter快捷键预览完成后的动画效果。

图 4.3.39 完成动画

4.3.4 知识链接

1. 创建骨骼动画

在 Animate 中创建骨骼动画一般有两种方式：一种方式是在形状对象（即各种矢量图形对象）的内部添加骨骼，通过骨骼来移动形状的各个部分以实现动画效果。这样操作的优势是无须绘制运动中该形状的不同状态，也无须使用补间形状来创建动画；另一种方式是为实例添加与其他实例相关联的骨骼，使用关节链接这些骨骼。这样操作骨骼允许实例链一起运动。

（1）向形状添加 IK 骨骼的方法

可以将骨骼添加到同一图层的单个形状或一组形状。无论哪种情况，都必须首先选择所有形状，然后才能添加第一个骨骼。添加骨骼之后，Animate 会将所有形状和骨骼转换为一个 IK 形状对象，并将该对象移至一个新的姿势图层，如图 4.3.40 所示。

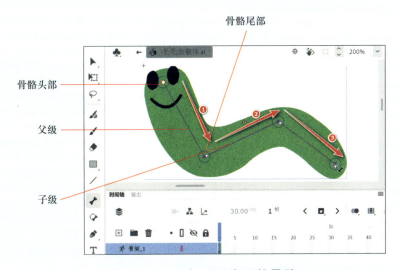

图 4.3.40　添加毛毛虫形状骨骼

步骤 1：在舞台上选择整个形状。

步骤 2：在"工具"面板中选择"骨骼工具" ✚，在该形状内单击并拖动到该形状内的另一个位置。

步骤 3：若要添加其他骨骼，从第一个骨骼的尾部拖动到形状内的其他位置。第二个骨骼将成为根骨骼的子级。按照要创建的父子关系顺序，将形状的各区域与骨骼链接在一起。

步骤 4：要创建分支骨架，单击希望分支由此开始的现有骨骼的头部；然后拖动鼠标以创建新分支的第一个骨骼。

步骤 5：若要移动骨架，使用"选取工具"选择 IK 形状对象，然后拖动任何骨骼以移动它们。

步骤 6：若要删除单个骨骼及其所有子级，单击该骨骼并按 Delete 键；或按住 Shift 键单击每个骨骼可以选择要删除的多个骨骼。

（2）向元件添加 IK 骨骼的方法

可以向影片剪辑、图形和按钮实例添加 IK 骨骼。在添加骨骼之前，元件实例可以位于不同的图层上。Animate 将它们添加到姿势图层上。当链接对象时，要考虑想要创建的父子关系，如图 4.3.41 所示。

图 4.3.41　添加松鼠骨骼

步骤 1：在舞台上创建元件实例。注意对实例进行排列，使其接近于想要的立体构型。

步骤 2：从"工具"面板中选择"骨骼工具"，单击想要设置为骨架根骨的元件实例。再单击想要将骨骼附加到元件实例的点。

步骤 3：将鼠标拖动至另一个元件实例，然后在想要附加该实例的点处松开鼠标按键。

步骤 4：要向该骨架添加其他骨骼，从第一个骨骼的尾部拖动鼠标至下一个元件实例。

步骤 5：要创建分支骨架，单击希望分支由此开始的现有骨骼的头部。然后拖动鼠标以创建新分支的第一个骨骼。

步骤 6：要调整已完成骨架的元素的位置，拖动骨骼或实例自身。

步骤 7：若要从时间轴的某个 IK 形状或元件骨架中删除所有骨骼，双击骨架中的某个骨骼以选择所有骨骼，然后按 Delete 键（或在右键菜单中选择"删除骨架"命令）。

2. 约束骨骼运动

若要创建 IK 骨架的更多逼真运动，可以控制特定骨骼的运动自由度。创建骨骼时会为每个 IK 骨骼指定固定的长度。骨骼可以围绕其父关节旋转，也可以沿 X 轴和 Y 轴旋转。

但是默认情况下会启用骨骼旋转，而禁用 X 轴和 Y 轴运动。在选定一个或多个骨骼后，可以在"对象"属性面板中设置这些属性。如图 4.3.42 所示，可以通过勾选"约束"复选框，输入偏移值来约束此关节的旋转角度和平移运动范围，以便在可控范围内调整姿势。

3. 骨骼动画制作技巧

① 若要使用文本添加 IK 骨骼，需要先将其转换为元件或将文本分离成单独的形状，再对各形状使用骨骼。

图 4.3.42　约束骨骼运动

② 在将骨骼添加到一个形状后，该形状将具有以下限制：

● 不能将一个 IK 形状与其外部的其他形状进行合并，也不能向该形状添加新笔触。

● 不能使用"任意变形工具"旋转、缩放或倾斜该形状。

● 不能在舞台上双击编辑该形状。

● 如果形状太复杂，Animate 在添加骨骼之前会提示用户将其转换为影片剪辑。

③ 要调整已完成骨架的元素的位置：

● 拖动骨骼会移动其关联的实例，但不允许该实例相对于其骨骼旋转。

● 拖动实例允许它移动以及相对于其骨骼旋转。

● 拖动分支中间的实例可导致父级骨骼通过连接旋转而相连。子级骨骼在移动时没有连接旋转。

④ 在创建骨架之后，仍然可以向该骨架添加来自不同图层的新实例。在将新骨骼拖动到新实例后，Animate 会将该实例移动到骨架的姿势图层。

4.3.5　学习检测

	知 识 要 点	掌握程度
知识获取	理解骨骼动画的原理	
	掌握使用"骨骼工具"向形状添加 IK 骨骼的方法	
	掌握使用"骨骼工具"向元件添加 IK 骨骼的方法	
	学会创建骨骼动画	
	了解约束骨骼运动的方法	

续表

实训案例（图 4.3.43）		技能目标	掌握程度
技能掌握	 图 4.3.43　青柠广告	任务 1　摇摆海草 ↘ 片头动画 ↘ 添加 IK 骨骼 ↘ 制作骨骼动画	
		任务 2　青柠小子游泳 ↘ 绑定 IK 骨骼 ↘ 制作骨骼动画	

　　说明："掌握程度"可分为三个等级："未掌握""基本掌握""完全掌握"，读者可分别使用"×""○""√"来呈现记录结果，以便以后的巩固学习。

4.4 媒体动画
案例——"关爱儿童心理健康"科普宣传片

关注儿童心理健康
创造和谐美好未来！

4.4.1 案例分析

1. 案例设计

在 Animate 中，为了使影片的内容更加丰富多彩，通常都会为其添加声音和视频，声音和视频对画面内容能起到辅助说明的作用。背景音乐可以烘托画面，新添加的嘴型同步功能可以根据设置的音频自动匹配嘴型，增强动画的感染力；而视频可以添加拍摄或其他视频元素丰富影片。除此之外，Animate 还添加了摄像头功能，这个功能使得镜头运动和景别转换更加方便，让影片的镜头变化更加丰富。

本案例是为"关爱儿童心理健康"科普宣传片动画完成后期的合成与编辑。该动画短片中包含人物的对白、椅子拖动的音效、动画效果音效、人物嘴型配音动画、镜头运动以及视频的添加等。关注儿童心理健康，呵护孩子健康成长。

2. 学习目标

理解"摄像头工具"的工作原理，了解 Animate 中常用的音视频格式以及编辑方式。学会使用 Animate 中口型动画和"摄像头工具"，掌握音视频的添加方式以及属性设置。

3. 策划导图

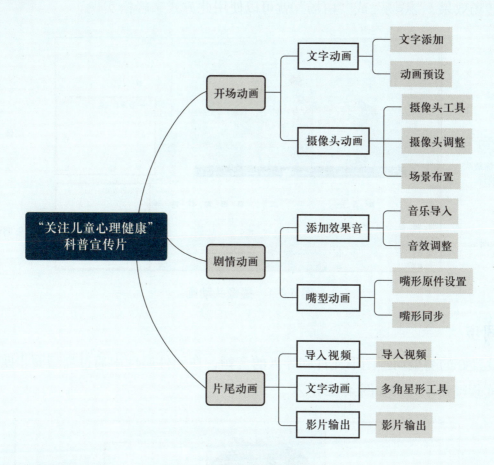

4.4.2　预备知识

1. 摄像头动画

　　Animate 中的摄像头动画可模拟真实的摄像机拍摄效果，以前动画制作人员需要依赖具有各种品质和兼容性的第三方扩展，或者更改自己的动画来模仿摄像头的移动。现在通过"摄像头工具"就可实现摄像头的平移、推拉和旋转等，还可以使用色调或滤镜对场景应用色彩效果进行调整从而调节整个影片的影调。在摄像头视图下查看作品时，看到的图层会像正透过摄像头来看一样，这时还可以对摄像头图层添加补间或关键帧。

　　摄像头工具适用于 Animate 中的所有内置文档类型：HTML Canvas、WebGL 和 ActionScript。

　　（1）摄像头图层：添加摄像头后会自动创建置顶的摄像头图层，在此图层上添加补间动画后可以通过添加关键帧的方式来添加摄像头动画，产生摄像头运动效果。

　　（2）摄像头缩放 / 旋转控件：通过摄像头缩放 / 旋转控件调整镜头的移动与缩放。

　　（3）摄像头属性：除了控件调整以外，还可以通过摄像头属性中的"缩放"与"旋转"来调整镜头的移动与缩放。

（4）影调调节：通过属性中的"色彩效果"选项可以调节整体的影调，如图4.4.1所示，如常用的转场效果，"黑场"或"白场"就可以使用此方式来轻松实现。

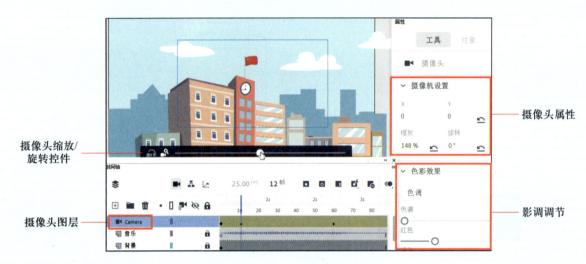

摄像头缩放/旋转控件

摄像头图层

摄像头属性

影调调节

图 4.4.1　摄像头动画

2. 嘴型同步

通过设置好的嘴型动画图形元件和导入的音频，在元件属性中通过嘴型同步匹配不同发音的嘴型实现嘴型动画，如图4.4.2所示。

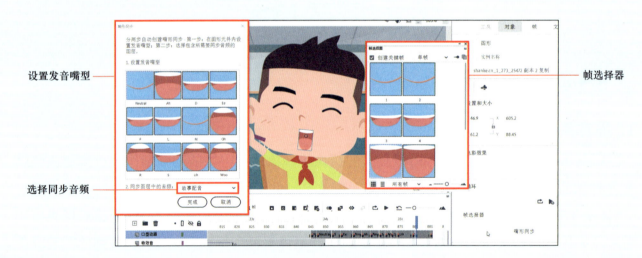

设置发音嘴型

选择同步音频

帧选择器

图 4.4.2　嘴型同步

4.4.3 案例实施

| 任务1 | 开场动画

1. 任务导航

任务目标	• 巩固动画预设的制作方法； • 了解场景配音的方法； • 掌握摄像头动画的使用	演示视频
任务活动	活动1：文字动画； 活动2：摄像头动画	
素材资源	素材：单元4\4.4\素材 源文件：单元4\4.4\fla\4.4.1.fla	

2. 任务实施

活动1：文字动画

STEP|01 启动Animate，单击"文件→新建"命令，打开"新建文档"对话框，如图4.4.3所示，选择"预设"中的"高清1280×720"选项，其他参数默认，创建一个新文档，保存文件为"科普宣传片.fla"。

图4.4.3 新建文档——"科普宣传片.fla"

STEP|02 在属性中设置"文档属性"的"舞台"颜色设置为"75DFFF"，单击"文件→导入→导入到舞台"命令，导入"素材"文件夹中的"开头文字.png"到舞台，选中导入图片，按F8键将图片转换为图形元件，命名为"开头文字"，双击修改图层名为"开头文字"，如图4.4.4所示。

图 4.4.4　转换图片为元件

STEP|03 单击"窗口→动画预设"命令，如图4.4.5所示打开"动画预设"面板，选中"从底部飞入"，单击"应用"按钮，为图片添加飞入动画。

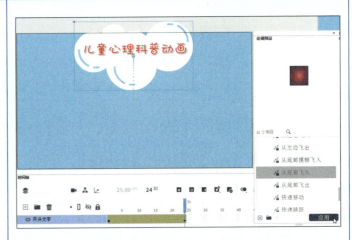

图 4.4.5　为元件添加动画预设

STEP|04 单击选中运动轨迹线，拖动预设动画轨迹到画面底部，如图4.4.6所示，在该图层的第90帧处按F5键延长文字停留时间。

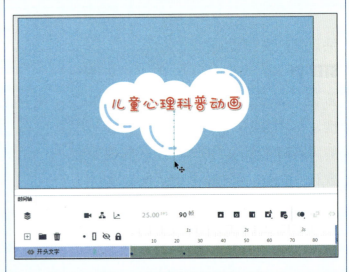

图 4.4.6　调整文字位置与时长

STEP|05 新建图层，命名为"配音"，单击"文件→导入→导入到舞台"命令，导入"素材"文件夹中的"儿童心理科普动画.mp3"到舞台，如图4.4.7所示，将该音频文件导入到"配音"图层中。

图 4.4.7 导入音频文件到图层

活动 2：摄像头动画

STEP|01 单击"窗口→场景"命令，打开"场景"面板，添加"场景2"，单击"文件→导入→导入到舞台"命令，导入"素材"文件夹中的"校园背景.png"到舞台图层的第1帧关键帧，双击图层修改图层名为"背景"，如图4.4.8所示，在该图层的第90帧处按F5键延长背景停留时间。

图 4.4.8 设置场景

STEP|02 新建图层，命名为"音效"，选中第1帧，单击"文件→导入→导入到舞台"命令，导入"素材"文件夹中的"铃声.wav"，在"帧"属性面板的"声音"选项中设置"同步"为"数据流"，在该图层的第90帧处按F5键完整同步音效，如图4.4.9所示。

小提示：

数据流同步方式可以通过拖动时间轴的方式进行声音的试听，声音可通过帧数长短来控制声音的播放时长。

图 4.4.9 导入"铃声.wav"

STEP|03 单击时间轴控件中"添加摄像头 🎥"按钮添加"Carema"图层，如图 4.4.10 所示。

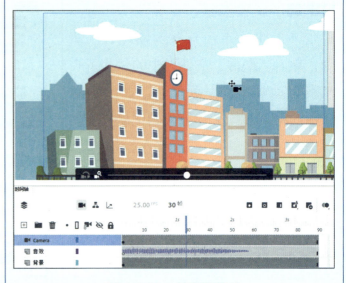

图 4.4.10 创建摄像头

STEP|04 右键单击"Carema"图层第 1 帧，选中"创建补间动画"，单击画面，在摄像头的"属性"面板中设置"色彩效果"为"亮度"，值为"-100"，设置开头黑场效果，如图 4.4.11 所示。

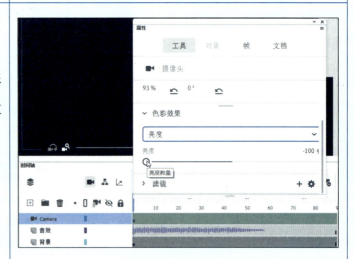

图 4.4.11 设置开头黑场效果

STEP|05 拖动播放头到第 40 帧，单击画面，在摄像头的"属性"面板中设置"缩放"为"135%"，"色彩效果→亮度"为"0"，如图 4.4.12 所示，参数调节后时间轴上自动产生关键帧，按 Enter 键播放动画看到镜头推进并变亮画面效果。

图 4.4.12 推进镜头效果添加

任务 2　剧情动画

1. 任务导航

任务目标	• 掌握音频的添加方法； • 学会制作嘴型动画	演示视频
任务活动	活动 1：添加效果音； 活动 2：嘴型动画	
素材资源	素材：模块 4\4.4\fla\4.4.1.fla 效果：模块 4\4.4\fla\4.4.2.fla	

2. 任务实施

活动 1：添加效果音

STEP|01　再添加一个"场景 3"，新建图层，命名为"故事情节"，单击"文件→导入到库→打开外部库"命令，导入"素材"文件夹中的"素材源文件"外部库中所有元素。并将"第二场动画"图形元件拖到"故事情节"图层第一帧，使用"任意变形工具"缩放图形元件，如图 4.4.13 所示，在第 935 帧处按 F5 键插入帧，设置好此元件的播放时长。

图 4.4.13　新建场景导入图形元件

STEP|02　新建图层，命名为"背景音"，单击"文件→导入→导入到舞台"命令，导入"素材"文件夹中的"故事配音 .mp3"，在"帧"属性面板的"声音"选项中设置"同步"为"数据流"，如图 4.4.14 所示，按 Enter 键播放动画预览。

图 4.4.14　导入"故事配音 .mp3"

STEP|03 新建图层，命名为"效果音"，单击"文件→导入→导入到库"命令，导入"素材"文件夹中的"挪凳子.wav"和"捡到了.wav"，如图4.4.15所示。

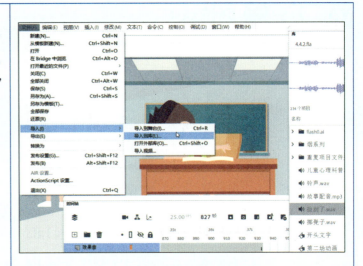

图4.4.15 导入两个音效素材

STEP|04 将播放头移动到"效果音"图层第808帧处，按F6键插入关键帧，按Ctrl+L快捷键打开"库"面板，用鼠标拖动"挪凳子.wav"音效到画面中松开，完成音效的添加，如图4.4.16所示，用同样的方法在"效果音"图层的第808帧处添加"挪凳子.wav"音效。

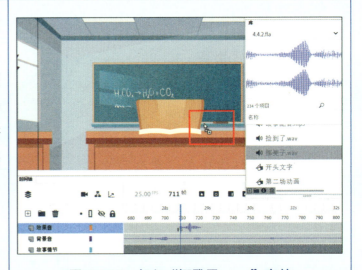

图4.4.16 加入"挪凳子.wav"音效

活动2：嘴型动画

STEP|01 新建两个图层，分别命名为"嘴型动画"和"捡到了"，将播放头移动到844帧，分别对两个图层按F6键添加关键帧，将库中的"嘴型动画"图形元件拖动到对应图层的第844帧，将"捡到了.wav"配音拖动到对应图层的第844帧，在"声音"选项中设置"同步"为"数据流"，如图4.4.17所示。

图4.4.17 添加嘴型动画与配音

STEP|02 选中画面中新加入的"嘴型动画"元件，在属性中单击"嘴型同步"按钮弹出"嘴型同步"对话框，选取满意的嘴型，如图 4.4.18 所示，在"同步图层中的音频"下拉列表框中选择"捡到了"，单击"完成"按钮完成嘴型动画的同步。

图 4.4.18 完成嘴型动画的同步

STEP|03 拖动播放头预览嘴型动画，如有不满意的嘴型可在场景中选取嘴型，在"对象"属性面板中单击"帧选择器"按钮，点选修改嘴型，如图 4.4.19 所示。

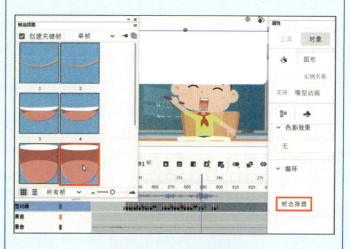

图 4.4.19 修改嘴型

STEP|04 选中"嘴型动画"图层第 893 帧以后的所有帧，按 Shift+F5 快捷键删除帧，因为这段时间中的嘴型和幕布的落下动画有重叠，如图 4.4.20 所示，按 Enter 键预览动画。

图 4.4.20 减去多余的嘴型动画

任务3　片尾动画

1. 任务导航

任务目标	• 掌握视频导入的方法； • 学会合成输出带有音视频的影片	演示视频
任务活动	活动1：导入视频； 活动2：文字动画； 活动3：影片输出	
素材资源	素材：单元4\4.4\fla\4.4.3.fla 效果：单元4\4.4\fla\科普宣传片.fla	

2. 任务实施

活动1：导入视频

STEP|01　单击"窗口→场景"命令，打开"场景"面板，单击 ⊞ 添加"场景4"，新建图层，命名为"背景"，按 Ctrl+L 快捷键打开"库"面板拖动"场景4背景"图形元件到"背景"图层第1帧，使用"任意变形工具" ⊞ 缩放图形元件，如图4.4.21所示。

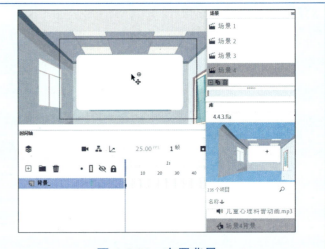

图 4.4.21　布置背景

STEP|02　新建图层，命名为"视频"，单击"文件→导入→导入视频"命令，如图4.4.22所示，在弹出的面板中选择"使用播放组件加载外部视频"单选按钮，单击"浏览"按钮，选择"素材"文件夹中的"视频动画.mp4"，单击"下一步"按钮直到完成导入视频。

图 4.4.22　导入"视频动画.mp4"

STEP|03　使用"任意变形工具"缩放视频并放置到白色幕布中间，如图 4.4.23 所示，在两个图层的第 538 帧处按 F5 键插入普通帧，这样这段视频就可以在预览中完成播放了。

图 4.4.23　调整视频大小与时长

活动 2：文字动画

STEP|01　新建图层，命名为"文字"，在该图层的第 516 帧处插入关键帧，使用"文字工具"输入文本"关注儿童心理健康，创造和谐美好未来！"在"对象"属性面板中设置字体（建议使用黑体类字体）、字号和颜色，如图 4.4.24 所示。

图 4.4.24　添加文本

STEP|02　将输入的文字转换为"影片剪辑元件"，命名为"结尾文字"，在"对象"属性面板的"滤镜"中单击"+"按钮，在弹出的效果中选择"发光"，调节"强度"为"1000%"，颜色为白色，制作文字边框效果如图 4.4.25 所示。

图 4.4.25　为影片剪辑元件添加边框效果

STEP|03 选中"文字"图层第516帧，鼠标右键选择"创建补间动画"命令添加补间，将播放头移动到516帧，选中文字，设置"Alpha"值为"0"，将播放头移动到第526帧，选中文字，设置"Alpha"值为"100%"，并使用"任意变形工具" 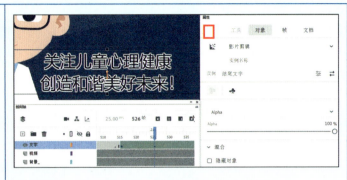 放大文字，如图4.4.26所示。

图 4.4.26　为文字添加淡入效果

活动3：影片输出

单击"文件→导出→导出视频"命令，在弹出的菜单中选择"整个影片"单选按钮，"格式"选择"H.264"，设置好输出路径，其他参数默认，单击"导出"按钮生成一个MP4格式的媒体文件，完成整个影片的制作，如图4.4.27所示。

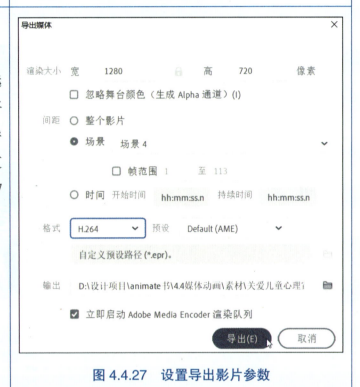

图 4.4.27　设置导出影片参数

4.4.4　知识链接

1. 添加声音

Adobe Animate 提供多种使用声音的方式，可以使声音独立于时间轴连续播放，或使用时间轴将动画与音轨保持同步。向按钮添加声音可以使按钮具有更强的互动性，通过声音淡入淡出还可以使音轨更加优美。

（1）支持的声音文件格式

可以将以下声音文件格式导入 Animate 中：

- Adobe 声音（.asnd）：是 Adobe® Soundbooth™ 本身的声音格式
- Wave（.wav）

- AIFF（.aif，.aifc）

- mp3（.mp3）

- Sound Designer® II（.sd2）

- Sun AU（.au，.snd）

- FLAC（.flac）

- Ogg Vorbis（.ogg，.oga）

（2）添加动画声音的方法

① 直接将声音添加到时间轴。单击"文件→导入→导入到舞台"命令，选择要导入的音频文件，将其导入到舞台/时间轴中；或将音频文件直接拖放到舞台/时间轴中。注意，系统一次只能添加一个音频文件，拖放多个音频文件时，系统只会将一个音频文件导入时间轴。

② 将库中的声音添加到时间轴。单击"文件→导入→导入到库"命令，选择要导入的音频文件，先将音频文件导入到库中；然后将声音从"库"面板中拖到舞台/时间轴中的当前图层。

（3）编辑声音

在 Animate 中添加声音后，在包含声音的时间轴任意一帧处，用户可以通过设置"属性"面板"帧"选项卡的"声音"选项，对声音进行编辑，如图 4.4.28 所示。

① "名称"选项。显示该声音文件的文件名，如果从下拉菜单中选择"无"，则可从时间轴图层上删除此声音。

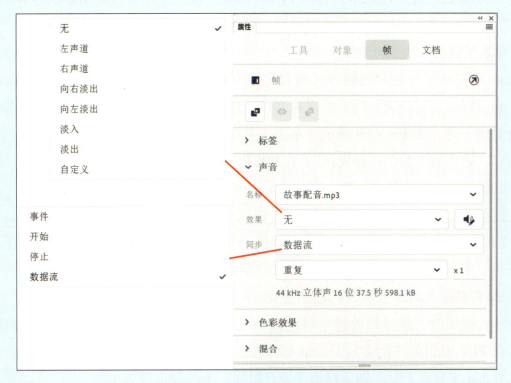

图 4.4.28　声音的"帧"属性面板

②"效果"选项。

无：不对声音文件应用效果。选中此选项将删除以前应用的效果。

左声道 / 右声道：只在左声道或右声道中播放声音。

向右淡出 / 向左淡出：会将声音从一个声道切换到另一个声道。

淡入：随着声音的播放逐渐增加音量。

淡出：随着声音的播放逐渐减小音量。

自定义：允许使用"编辑封套"创建自定义的声音淡入和淡出点。

③"同步"选项。

事件：会将声音和一个事件的发生过程同步起来。事件声音必须完全下载后才能开始播放，除非明确停止，否则它将一直连续播放。

开始：与"事件"选项的功能相近，但是如果声音已经在播放，则新声音实例就不会播放。

停止：使指定的声音静音。

数据流（音频流）：音频流在前几帧下载了足够的数据后就开始播放；音频流要与时间轴同步以便在网站上播放。与事件声音不同，音频流随着 SWF 文件的停止而停止。

2. 添加视频

Animate 提供了几种将视频合并到 Animate 文档并为用户播放的方法。Animate 仅可以播放特定视频格式，这些视频格式包括 FLV、F4V 和 MPEG 视频。使用单独的 Adobe Media Encoder 应用程序（Animate 附带）将其他视频格式转换为 F4V。

（1）导入视频的方法

Animate 中提供了一种"视频导入向导"的方式，简化了将视频导入到 Animate 文档中的操作，它可以指引用户选择现有的视频文件，然后导入该文件，以用于三种不同视频播放方案中的其中一种。如图 4.4.29 所示，单击"文件→导入→导入视频"命令，打开"导入视频"对话框，进入第 1 步"选择视频"，在此提供了以下这些视频导入选项。

● 使用播放组件加载外部视频

导入视频并创建 FLVPlayback 组件的实例以控制视频播放。在准备将 Animate 文档作为 SWF 发布并将其上载到 Web 服务器时，还必须将视频文件上载到 Web 服务器或 Adobe Media Server，并按照已上载视频文件的位置配置 FLVPlayback 组件。

● 在 SWF 中嵌入 FLV 并在时间轴中播放

这样导入视频时，该视频放置于时间轴中可以看到时间轴帧所表示的各个视频帧的位置。嵌入的 FLV 视频文件会成为 Animate 文档的一部分。

● 将 H.264 视频嵌入时间轴（仅用于设计时间，不能导出视频）

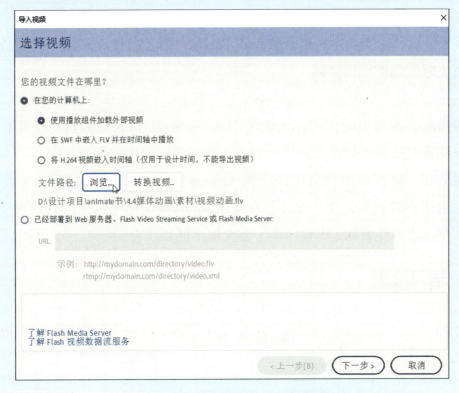

图 4.4.29　"导入视频"向导对话框

使用此选项导入视频时，视频会被放置在舞台上，以用作设计阶段制作动画的参考。在拖曳或播放时间轴时，视频中的帧将呈现在舞台上。相关帧的音频也将回放。

（2）在 Animate 文件中嵌入视频文件

在"导入视频"对话框第一步"选择视频"中选择"在 SWF 中嵌入 FLV 并在时间轴中播放"选项后，如图 4.4.30 所示，会进入"导入视频"向导的第二步"嵌入"，在此可以选择嵌入视频的元件类型。

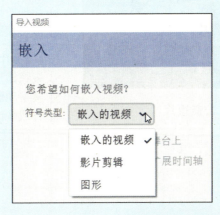

图 4.4.30　"嵌入"视频的元件类型

- 嵌入的视频

如果要使用在时间轴上线性播放的视频剪辑，那么最合适的方法就是将该视频导入到时间轴。

● 影片剪辑

将视频置于影片剪辑实例中，可以使视频的时间轴独立于主时间轴进行播放，不必为容纳该视频而将主时间轴扩展很多帧。

● 图形

将视频剪辑嵌入为图形元件时，无法使用 ActionScript 与该视频进行交互。通常，图形元件用于静态图像以及用于创建一些绑定到主时间轴的可重用的动画片段。

需要注意的是，将视频内容直接嵌入到 Animate SWF 文件中会显著增加发布文件的大小，因此仅适合于小的视频文件。此外，在使用 Animate 文档中嵌入的较长视频剪辑时，音频到视频的同步（也称作音频 / 视频同步）会变得不同步。

4.4.5 学习检测

	知 识 要 点	掌握程度
知识获取	理解"摄像头工具"的工作原理	
	了解 Animate 中常用的音视频格式以及编辑方式	
	掌握音视频的添加方式以及属性设置	
	掌握嘴型动画的添加与编辑方式	

	实训案例（图 4.4.31）	技能目标	掌握程度
技能掌握	图 4.4.31　公益短片	任务 1　开场动画 ↘ 文字动画 ↘ 摄像头动画	
		任务 2　剧情动画 ↘ 添加效果音 ↘ 嘴型动画	
		任务 3　片尾动画 ↘ 视频添加 ↘ 文字动画 ↘ 合成输出	

说明："掌握程度"可分为三个等级："未掌握""基本掌握""完全掌握"，读者可分别使用"×""○""√"来呈现记录结果，以便以后的巩固学习。

5.1 动画基本控制

案例——认识数字脚本版

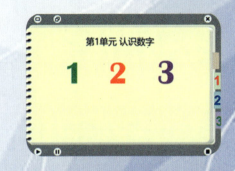

第1单元 认识数字

1 2 3

5.1.1 案例分析

1. 案例设计

Animate 不仅可以制作流畅的线性播放动画，还可以通过给动画添加脚本语言，对动画对象进行控制，进而创作出更富有交互体验的动画，如各类动画课件或小游戏都需要编写脚本。其中使用最多的是控制动画的播放和停止。

本案例是对"认识数字"动画课件添加一些跳转或控制按钮以及相应的控制脚本，让用户可以通过不同的按钮来选择播放动画内容。通过实时地反馈实现交互，为教育社会化、终身化提供保障。

2. 学习目标

了解 Animate 代码片断的功能，理解动画的播放与停止、帧跳转及动画播放窗口控制的方法。掌握用"动作"面板和"代码片断"面板为动画添加程序代码的方法。

3. 策划导图

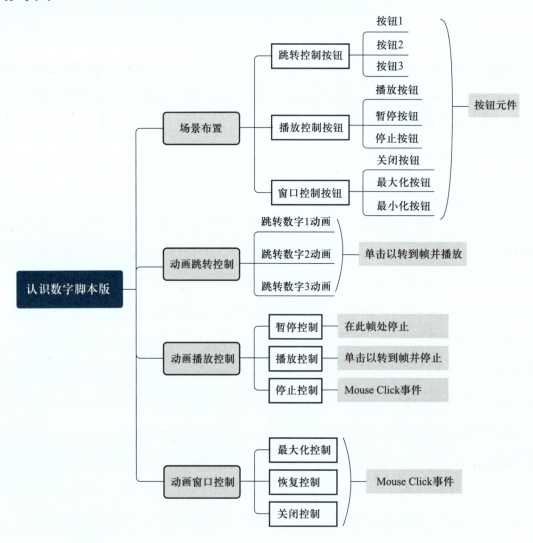

5.1.2　预备知识

1. 文档与脚本类型

　　Animate 支持面向不同平台的文档类型，所以脚本类型也不同，如图 5.1.1 所示，新建文档时，用户可以选择"ActionScript 3.0"或"HTML5 Canvas"平台类型。

　　（1）ActionScript 3.0 平台与脚本

　　ActionScript 3.0 平台是面向 PC 端的创作平台，在此平台下主要发布传统的 SWF 动画，使用 Flash Player 播放器播放。该平台使用的是 ActionScript 3.0 脚本。ActionScript 是 Adobe Flash Player 和 Adobe AIR 运行时环境的编程语言，用户可以使用"动作"面板、"脚本"窗口或外部编辑器，在 Animate、Flex、AIR 内容和应用程序中内添加 ActionScript 脚本，实现交互性、数据处理及其他许多功能。

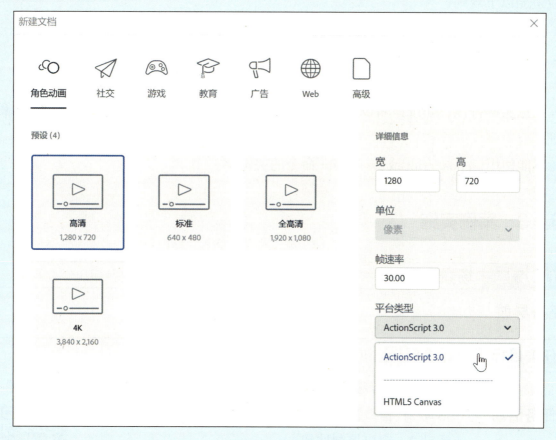

图 5.1.1　新建文档

（2）HTML5 Canvas 文档与 JavaScript 脚本

HTML5 Canvas 文档是 Animate 支持互联网环境的一种文档类型，HTML5 是目前用途非常广泛的新一代超文本标记语言。Canvas 是 HTML5 中的一个新元素，提供了多个 API，可以动态生成及渲染图形、图表、图像及动画，为创建丰富的交互性 HTML5 内容提供本地支持。用户可以使用 Animate 创建内容，然后通过 CreateJS 生成 HTML5 网页输出。

JavaScript 是一种基于对象（Object）和事件驱动（Event Driven）并具有安全性的脚本语言，已经被广泛应用于 Web 应用程序开发，常用来为页面添加各种动态功能，为用户提供更流畅、美观的浏览体验。可以通过编写 JavaScript 代码为 HTML5 动画添加更加丰富的交互效果。

由于 ActionScript 3.0 脚本和基于 CreateJS 的 JavaScript 脚本的语法规则不尽相同，但这不是本书重点，所以本书不对脚本及编程技巧做深入的介绍，只以 ActionScript 3.0 为例，简单介绍其基本的脚本语法及使用方法。

2. 实例的命名规则

在 Animate 中创建交互式动画时，对实例进行命名非常重要，因为 ActionScript 和 JavaScript 使用实例名称来引用这些对象。实例名称不同于"库"面板中的元件名称，对实例进行命名时，应遵循以下规则：

- 不能使用空格或特殊的标点符号，但可以使用下划线。
- 名称不能以数字开头。
- 区分大小写字母。
- 注意实例特性，如按钮名以"_btn"结尾，虽然不是强制性的，但有助于将对象标识为按钮。
- 不能使用 ActionScript 或 JavaScript 命令的关键字。

5.1.3　案例实施

Flash 任务 1	场景布置

1. 任务导航

任务目标	学会创建按钮元件	
任务活动	活动 1：跳转控制按钮； 活动 2：播放控制按钮； 活动 3：窗口控制按钮	演示视频
素材资源	素材：模块 5\5.1\素材 源文件：模块 5\5.1\fla\5.1.1.fla	

2. 任务实施

活动 1：跳转控制按钮

STEP|01　启动 Animate，打开素材文件"认识数字 .fla"，另存为"认识数字脚本版 .fla"，如图 5.1.2 所示，在"时间轴"面板上新建"按钮"图层。

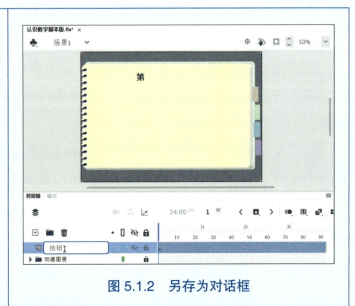

图 5.1.2　另存为对话框

STEP|02　按 Ctrl+F8 组合键，创建一个新元件。如图 5.1.3 所示，在弹出的"创建新元件"对话框中，修改名称为"按钮 1"，"类型"选择"按钮"。

图 5.1.3　创建新元件

STEP|03　进入"按钮 1"元件编辑场景后，如图 5.1.4 所示，在"图层_1"图层第 1 帧"弹起"帧的舞台上用"文字工具"输入"1"，并在"属性"面板中设置其字体为"Arial"、字型为"Bold"、"大小"为 50 pt、"填充"为红色（#FF0000）。

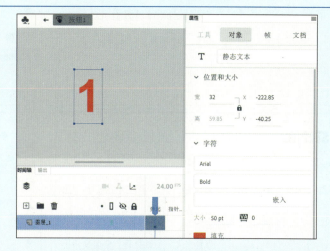

图 5.1.4　输入文字"1"

STEP|04　在此图层的"指针经过""按下"帧处插入关键帧，如图 5.1.5 所示，在这两个关键帧处，将舞台上的"1"实例对象改为两种不同填充色，并且将"指针经过"帧处的"1"实例对象向右下角移动一点，延续图层时长到"点击"帧处。

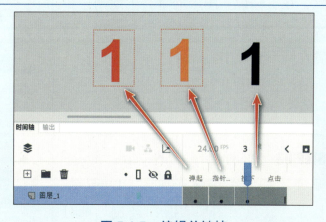

图 5.1.5　编辑关键帧

STEP|05　用同样的方法创建数字按钮"2"和"3"，分别命名为"按钮 2"和"按钮 3"，如图 5.1.6 所示。

按钮2:　2　2　2
按钮3:　3　3　3

图 5.1.6　按钮 2 和按钮 3

活动 2：播放控制按钮

STEP|01 创建新的按钮元件，命名为"播放"。进入"播放"元件编辑场景后将"图层_1"图层重命名为"底色"，如图 5.1.7 所示，用"椭圆工具"在舞台上绘制大小宽、高均为 30 像素、填充色为淡蓝色（#E7F2F6）的正圆形，并在图层"点击帧"处按 F5 键插入普通帧。

图 5.1.7　创建"播放"按钮元件

STEP|02 在"时间轴"面板中新建"标识"图层，选择"多角星形工具"，先在"属性"面板中设置"填充"为黑色、"笔触"为"无"、"样式"为"多边形"、"边数"为"3"，如图 5.1.8 所示，在"标识"图层的舞台上绘制一个大小为 15 像素 ×15 像素的三角形，放置在圆形对象中心位置。

图 5.1.8　绘制"播放"按钮

STEP|03 在两个图层的"指针经过"帧处均插入关键帧，如图 5.1.9 所示，修改"底色"图层"指针经过"帧处舞台上的圆形对象填充色为深灰色（#666666），"标识"图层"指针经过"帧处舞台上的三角形对象填充色为白色。在"标识"图层"按下"帧处也插入关键帧，修改此时舞台上的三角形对象为浅灰色（#999999）。

图 5.1.9　修改"指针经过"帧处舞台对象属性

STEP|04　在"库"面板中，右键单击"播放"按钮元件，在弹出的快捷菜单中选择"直接复制"命令，打开"直接复制元件"对话框，如图 5.1.10 所示，复制一个"暂停"按钮元件。用同样的方法再复制一个"停止"按钮元件。

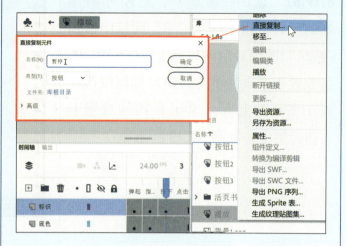

图 5.1.10　复制元件

STEP|05　在"库"面板中分别双击"暂停"按钮和"停止"按钮元件，进入元件的编辑场景，用"矩形工具"修改这两个元件关键帧处的形状和填充色，如图 5.1.11 所示。

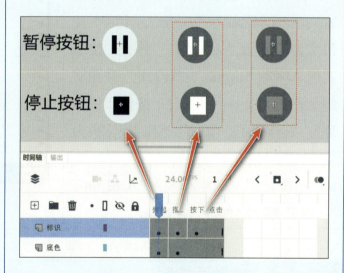

图 5.1.11　创建补间形状

活动 3：窗口控制按钮

STEP|01　用上述复制按钮的方法，创建"最大化""恢复"和"关闭"按钮元件，修改元件关键帧处的舞台对象的形状和填充色，如图 5.1.12 所示。

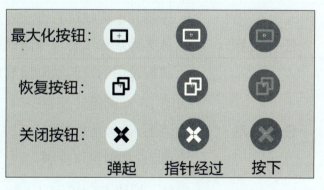

图 5.1.12　数字"1"的出场动画

STEP|02 返回"场景1"，将刚才制作好的所有按钮元件从"库"面板中拖到"按钮"图层对应的舞台上，"播放"按钮放置于书页的下方，窗口控制按钮放置于书页的上方，"停止"按钮放置于右边标签上，如图 5.1.13 所示。

图 5.1.13　放置按钮元件到舞台上

STEP|03 分别选中每个按钮，如图 5.1.14 所示，在"属性"面板中添加实例名称："播放"按钮实例名称为"play_btn"，"暂停"按钮实例名称为"pause_btn"、"停止"按钮实例名称为"stop_btn"，"最大化"按钮实例名称为"full_btn"，"恢复"按钮实例名称为"menu_btn"，"关闭"按钮实例名称为"quit_btn"，"按钮1"实例名称为"num1_btn"，"按钮2"实例名称为"num2_btn"，"按钮3"实例名称为"num3_btn"。

图 5.1.14　为按钮添加实例名称

Flash 任务 2　动画控制

1. 任务导航

任务目标	• 理解并掌握帧跳转方法的功能和使用； • 熟悉并掌握用脚本控制动画播放的方法； • 掌握常用的控制动画播放窗口的方法
任务活动	活动1：动画跳转控制； 活动2：动画播放控制； 活动3：动画窗口控制
素材资源	素材：模块5\5.1\fla\5.1.1.fla 效果：模块5\5.1\fla\认识数字脚本版.fla

演示视频

2. 任务实施

活动 1：动画跳转控制

STEP|01　选中舞台上的"1"按钮实例，单击"窗口→代码片断"命令，如图 5.1.15 所示，打开"代码片断"窗口，展开"ActionScript"→"时间轴导航"文件夹，双击"单击以转到帧并播放"代码片断。

图 5.1.15　选择代码片断

STEP|02　这时会发现"时间轴"面板上自动在最上层新建了一个"Actions"图层，并且在该图层的第 1 帧处插入了一个关键帧，关键帧上还多了一个小 a 的标志。同时，会打开"动作"面板，将刚才在"代码片断"中选择的功能代码及其注释都自动添加到面板的代码编辑区，如图 5.1.16 所示，将方法 gotoAndPlay 的参数由 5 改为 121，表示单击了"1"按钮后，自动跳转到第 121 帧并播放数字"1"的动画。

> **小提示：**
> 　　代码注释用以解释代码的含义或作用，也可暂时停用不想删除的代码。
> 　　注释行：代码开头加上"//"。
> 　　注释块：代码块开头加上"/*"，结尾加上"*/"。

图 5.1.16　添加"1"实例的跳转代码

STEP|03 关闭"动作"面板，返回场景1，用同样的方法分别添加舞台上"按钮2"和"按钮3"实例"单击以转到帧并播放"的代码，如图 5.1.17 所示。其中，单击了"2"按钮，自动跳转到第 211 帧并播放数字"2"的动画；单击了"3"按钮后，自动跳转到第 301 帧并播放数字"3"的动画。

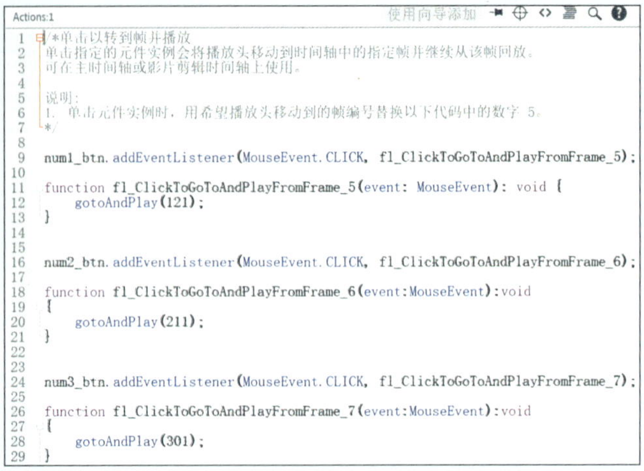

图 5.1.17　控制 3 个按钮的代码

活动 2：动画播放控制

STEP|01 选中"时间轴"面板"Actions"图层的第 1 帧，如图 5.1.18 所示，在"代码片断"窗口中，展开"Action Script"→"时间轴导航"文件夹，双击"在此帧处停止"代码片断。

图 5.1.18　选择代码片断—第 1 帧

STEP|02 如图 5.1.19 所示，在打开的"动作"面板中，自动在"Actions"图层的第 1 帧上添加一段"在此帧处停止"的代码"stop ( );"，关闭"动作"面板。按 Ctrl+Enter 快捷键预览动画，可以看到动画一开始就停止不播放了。

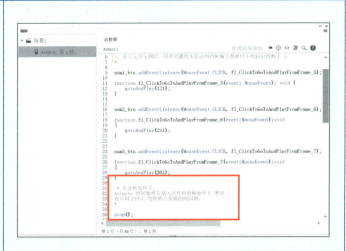

图 5.1.19　添加停止代码—第 1 帧

STEP|03　选中舞台上的"播放"按钮实例（按钮名"play_btn"），如图 5.1.20 所示，在"代码片断"窗口中，展开"事件处理函数"文件夹，双击"Mouse Click 事件"。

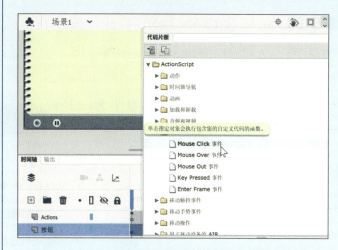

图 5.1.20　选择代码片断—"播放"按钮实例

STEP|04　如图 5.1.21 所示，在打开的"动作"面板中，自动在"Actions"图层的第 1 帧上添加一段"Mouse Click 事件"代码。将新增代码中的"trace（"已单击鼠标"）；"修改为"play（）；"，关闭"动作"面板。预览动画，可以看到动画一开始就停止不播放，单击"播放"按钮后，动画开始播放。

图 5.1.21　修改播放代码—"播放"按钮实例

STEP|05　用同样的方法给"暂停"按钮实例（实例名"pause_btn"）添加"Mouse Click 事件"代码片断，如图 5.1.22 所示。然后将代码"trace（"已单击鼠标"）；"修改为"stop（）；"，关闭"动作"面板。预览动画，可以看到单击此按钮在动画播放过程中可以随时暂停播放。

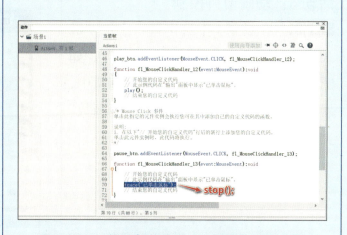

图 5.1.22　修改暂停代码—"暂停"按钮实例

STEP|06 给场景 1 舞台上的"停止"按钮实例（实例名"stop_btn"）添加"时间轴导航"代码文件夹下的"单击以转到帧并停止"代码片断，如图 5.1.23 所示。

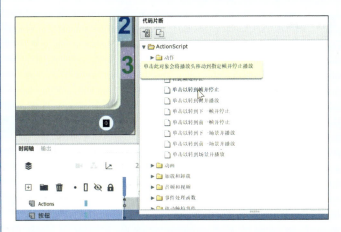

图 5.1.23　添加代码片断—"停止"按钮实例

STEP|07 如图 5.1.24 所示，将"动作"面板中"Actions"图层的第 1 帧新增代码片断中的"gotoAndStop（5）；"修改为"gotoAndStop（1）；"，关闭"动作"面板。预览动画，单击此按钮后，动画返回到第 1 帧并停止播放。

图 5.1.24　返回到第 1 帧

活动 3：动画窗口控制

STEP|01 在场景 1 中选中舞台上的"最大化"按钮实例（实例名"full_btn"），如图 5.1.25 所示，在"代码片断"窗口中，展开"ActionScript"→"事件处理函数"文件夹，双击"Mouse Click 事件"。

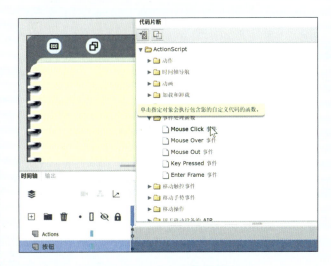

图 5.1.25　选择代码片断

STEP|02　将"动作"面板中"Actions"图层的第 1 帧新增代码片断中的"trace（"已单击鼠标"）；"修改为"fscommand（"fullscreen"，"true"）；"，如图 5.1.26 所示。

```
89    /* Mouse Click 事件
90    单击此指定的元件实例会执行您可在其中添加自己的自定义代码的函数。
91
92    说明：
93    1. 在以下"// 开始您的自定义代码"行后的新行上添加您的自定义代码。
94    单击此元件实例时，此代码将执行。
95    */
96
97    full_btn. addEventListener(MouseEvent.CLICK, fl_MouseClickHandler_14);
98
99    function fl_MouseClickHandler_14(event:MouseEvent):void
100   {
101        // 开始您的自定义代码
102        // 此示例代码在"输出"面板中显示"已单击鼠标"。
103        trace("已单击鼠标");
104        // 结束您的自定义代码
105   }
106
```
fscommand("fullscreen","true");

图 5.1.26　修改"最大化"按钮代码

STEP|03　用同样的方法给"恢复"按钮实例（实例名"menu_btn"）添加"Mouse Click 事件"代码片断，如图 5.1.27 所示，将新增代码片断中的"trace（"已单击鼠标"）；"修改为"fscommand（"fullscreen"，"false"）；"。

```
107   /* Mouse Click 事件
108   单击此指定的元件实例会执行您可在其中添加自己的自定义代码的函数。
109
110   说明：
111   1. 在以下"// 开始您的自定义代码"行后的新行上添加您的自定义代码。
112   单击此元件实例时，此代码将执行。
113   */
114
115   menu_btn. addEventListener(MouseEvent.CLICK, fl_MouseClickHandler_15);
116
117   function fl_MouseClickHandler_15(event:MouseEvent):void
118   {
119        // 开始您的自定义代码
120        // 此示例代码在"输出"面板中显示"已单击鼠标"。
121        trace("已单击鼠标");
122        // 结束您的自定义代码
123   }
124
```
fscommand("fullscreen","false");

图 5.1.27　修改"恢复"按钮代码

STEP|04　最后给"关闭"按钮实例（实例名"quit_btn"）添加"Mouse Click 事件"代码片断，如图 5.1.28 所示，将新增代码中的"trace（"已单击鼠标"）；"修改为"fscommand（"quit"）；"。

```
125   /* Mouse Click 事件
126   单击此指定的元件实例会执行您可在其中添加自己的自定义代码的函数。
127
128   说明：
129   1. 在以下"// 开始您的自定义代码"行后的新行上添加您的自定义代码。
130   单击此元件实例时，此代码将执行。
131   */
132
133   quit_btn. addEventListener(MouseEvent.CLICK, fl_MouseClickHandler_16);
134
135   function fl_MouseClickHandler_16(event:MouseEvent):void
136   {
137        // 开始您的自定义代码
138        // 此示例代码在"输出"面板中显示"已单击鼠标"。
139        trace("已单击鼠标");
140        // 结束您的自定义代码
141   }
142
```
fscommand("quit");

图 5.1.28　修改"关闭"按钮代码

STEP|05　脚本添加完毕后，保存文档。如图 5.1.29 所示，按 Ctrl+Shift+Enter 快捷键调试影片或在本文档文件夹中打开生成的 SWF 播放文件，观看完成后的动画效果。

小提示：

　　按 Ctrl+Enter 快捷键可以测试影片，但无法看到全屏和退出效果，我们可以直接查看文件夹中生成的 SWF 文件或者用快捷键 Ctrl+Shift+Enter 来调试影片，查看效果。

图 5.1.29　观看完成后的动画效果

5.1.4　知识链接

1. 认识"动作"面板

在 Animate 中单击"窗口→动作"命令或按快捷键 F9，可以打开如图 5.1.30 所示的"动作"面板。在"动作"面板中可以创建和编辑对象或帧的 ActionScript 代码。选择帧、按钮或影片剪辑实例可以激活"动作"面板，根据选择的内容，"动作"面板标题也会变为"按钮动作""影片剪辑动作"或"帧动作"等。

图 5.1.30　"动作"面板

● 脚本导航器：列出 Animate 文档中的脚本位置，可以单击脚本导航器中的项目，快速在右边脚本窗格中查看这些脚本。

● 脚本窗格：输入与当前所选帧相关联的 ActionScript 代码或 JavaScript 代码。

● 使用向导添加：单击此按钮可使用简单易用的向导添加动作，而不需要编写代码。

● 固定脚本：将脚本固定到"脚本"窗格中各个脚本的固定标签，然后相应移动它们。如果使用多个脚本，可以将脚本固定，以保留代码在"动作"面板中的打开位置，然后在各个打开的不同脚本中切换。

● 插入实例路径和名称：帮助设置脚本中某个动作的绝对或相对目标路径。

● 代码片断：打开"代码片断"面板，显示代码片断示例。

● 设置代码格式：帮助设置代码格式，使代码符合基本格式规范，增强可读性。

● 查找：查找并替换脚本中的文本。

● 帮助：显示脚本窗格中所选 ActionScript 元素的参考信息。

2. 使用代码片断添加交互

（1）"代码片断"面板

"代码片断"面板使非编程人员能够快速使用 JavaScript 和 ActionScript 3.0，借助该面板，用户不需要了解每个 ActionScript 元素就可以开始编写脚本，并且通过简单操作生成脚本，添加到 FLA 文件以启用常用功能，如图 5.1.31 所示。利用"代码片断"面板可以：

① 添加能影响对象在舞台上行为的代码。

② 添加能在时间轴中控制播放头移动的代码。

③ 将用户创建的新代码片断添加到面板中。

"代码片断"面板也是开始学习 JavaScript 或 ActionScript 3.0 的一种较好的方式。通过查看片断中的代码并遵循片断说明，便可以了解代码的结构和语法。

（2）理解代码片断的原理

使用"代码片断"面板时，重要的是理解以下基本原理：

① 许多代码片断都要求用户对代码中的几个项目进行自定义。在 Animate 中，用户可以在"动作"面板中执行此操作，每个片断都包含对此任务的具体说明。

② 包含的所有代码片断都是 JavaScript 或 ActionScript 3.0 代码。

图 5.1.31 "代码片断"面板

③ 有些代码片断会影响对象的行为，允许它被单击或导致它移动或消失。用户将对舞台上的对象应用这些代码片断。

④ 某些代码片断在播放头进入包含该片断的帧时触发动作。用户将对时间轴帧应用这些代码片断。

⑤ 当应用代码片断时，此代码将添加到时间轴中的"Actions"图层的当前帧。如果用户自已尚未创建"Actions"图层，Animate 将在"时间轴"面板中所有其他图层之上添加一个"Actions"图层。

⑥ 为了使 ActionScript 能够控制舞台上的对象，此对象必须具有在"属性"面板中分配的实例名称。

3. 简单的时间轴和动画窗口控制方法

（1）时间轴控制方法

时间轴控制方法参见表 5.1.1。

表 5.1.1　时间轴控制方法

方　　法	作　　用
gotoAndPlay（n）	将时间轴滑块转到场景中第 n 帧并从该帧开始播放（n 为要调整的帧数） ● 语法：gotoAndPlay（帧名称或编号，场景名称）。 ● 说明：调用 gotoAndPlay（）方法时可给定两个参数："帧"和"场景"，或给定一个"帧"参数。若只给定一个"帧"参数，则该方法的作用范围为目前作用中的场景。 ● 范例：gotoAndPlay（20，"场景 2"）/＊将时间轴滑块移到"场景 2"的第 20 帧，并继续播放。＊/
gotoAndStop（n）	将时间轴滑块转到场景第 n 帧并停止播放 ● 语法：gotoAndStop（帧名称或编号，场景名称）。 ● 说明：调用 gotoAndStop（）方法时可给定两个参数："帧"和"场景"，或给定一个"帧"参数。若只给定一个"帧"参数，则该方法的作用范围为目前作用中的场景。 ● 范例：gotoAndStop（10，"场景 2"）/＊将时间轴滑块移到"场景 2"的第 10 帧并停止播放。＊/
nextFrame（）	将时间轴滑块转到下一帧并停止播放 ● 语法：影片片断/场景名称 .nextFrame（）。 ● 说明：nextFrame（）方法可应用于场景与影片剪辑。 ● 范例：my_mc.nextFrame（）；/＊将影片剪辑"my_mc"的时间轴滑块由当前帧位置移动到下一帧上，并停止播放。＊/
prevFrame（）	将时间轴滑块转到上一帧并停止播放 ● 语法：影片片断/场景名称 . prevFrame（）。 ● 说明：prevFrame（）方法可应用于场景与影片剪辑。 ● 范例：this.prevFrame（）；/＊将当前场景或影片剪辑的时间轴滑块由当前帧位置移动到前一帧上，并停止播放。＊/
nextScene（）	将时间轴滑块转到下一场景的第 1 帧并停止播放
PrevScene（）	将时间轴滑块转到上一场景的第 1 帧并停止播放
play（）	播放动画影片（将时间轴滑块往前移动）
stop（）	停止当前正在播放的动画影片
stopAllSounds（）	在不停止时间轴滑块的情况下，停止 SWF 文件中当前正在播放的所有声音

（2）动画窗口控制方法

fscommand（）函数是 Flash 系统用来与其他应用程序互相传达命令的工具，其命令和函数参见表 5.1.2。

语法：fscommand（命令，参数）

表 5.1.2　fscommand（）函数的命令和参数

命　令	参数（参量）	目　的
quit	无	关闭播放器
fullscreen	true 或 false	指定 true 可将 Flash Player 设置为全屏模式； 指定 false 可将播放器返回到标准菜单视图
allowscale	true 或 false	自动缩放： 指定 true 时配合窗口大小缩放动画内容； 指定 false 时物体以原来动画内容的大小显示
showmenu	true 或 false	限制播放器的菜单和鼠标右键快捷菜单： 指定 true 时可使用； 指定 false 时不可使用
exec	指向应用程序的路径	调用外部应用程序
trapallkeys	true 或 false	禁用快捷键功能： 指定 true 时可使用快捷键功能； 指定 false 时不可使用快捷键功能

只有当 Animate 播放程序在独立模式下执行时，fscommand（）函数所传送的命令才有效；如果播放程序是在另一个应用程序的环境下（如浏览器的外挂程序）执行，fscommand（）所传送的命令就会无效。

5.1.5　学习检测

	知 识 要 点	掌握程度
知识获取	了解 Animate 代码片断的功能	
	学会用代码片断为动画添加程序代码	
	理解帧跳转命令功能	
	理解动画的播放控制功能	
	理解动画播放窗口控制功能	

续表

	实训案例（图5.1.32）	技能目标	掌握程度
技能掌握	 图 5.1.32　神州行广告脚本版	任务1　场景布置 ↘ 跳转控制按钮 ↘ 播放控制按钮 ↘ 窗口控制按钮	
		任务2　动画控制 ↘ 动画跳转控制 ↘ 动画播放控制 ↘ 动画窗口控制	

　　说明："掌握程度"可分为三个等级："未掌握""基本掌握""完全掌握"，读者可分别使用"×""○""√"来呈现记录结果，以便以后的巩固学习。

5.2 影片剪辑的简单控制
案例——控制超人小游戏

5.2.1 案例分析

1. 案例设计

在制作 Animate 动画时，往往需要创建影片剪辑元件，然后将其实例应用到动画中。这时如果需要修改该影片剪辑实例属性，以前是通过属性设置或使用特定工具来实现，现在可以通过在 ActionScript 中设置影片剪辑（MovieClip）类的属性来完成。

本案例制作的是一个控制超人的小游戏。一直在天空水平匀速飞翔的小超人，可以通过给影片剪辑元件添加脚本的方法控制其移动，并使用场景下的控制按钮控制其属性变化。用信息技术助力"游戏化"教学。

2. 学习目标

了解 ActionScript 3.0 中的变量、实例与实例名称、属性、函数与方法、事件与事件侦听器、类等重要概念；掌握运用按钮事件来控制影片剪辑实例各种属性的方法。

3. 策划导图

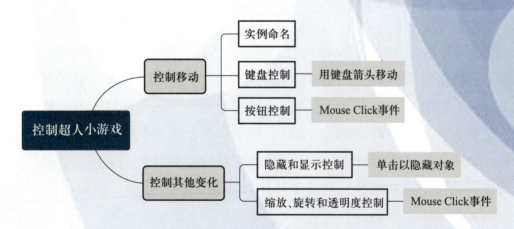

5.2.2 预备知识

了解 ActionScript 3.0 中类的特征

ActionScript 含有一个很大的内置类库，可以通过创建对象来执行许多有用的任务。在

ActionScript 面向对象的编程中，任何类都可以包含三种类型的特性：属性、方法、事件。

（1）属性

属性表示某个对象中绑定在一起的若干数据块中的一个。MovieClip 类具有 rotation、x、Width 和 alpha 等属性。可以同处理单个变量那样处理属性，也可以将属性视为包含在对象中的子变量。

例如，将实例对象名称为 super_mc 的 MovieClip 放在 x 坐标为 200 像素处，其 ActionScript 代码如图 5.2.1 所示。

可见属性的结构顺序为"实例对象名 + 点 + 属性名"，这里的"点"（.）为点运算符，用于指示要访问对象的某个子元素。

图 5.2.1　ActionScript 代码示例

（2）方法

可以由对象执行的操作称为方法。

例如：gameTimer.play（）和 gameTimer.stop（）就是实现定时器的播放和停止的方法。

通过依次写下对象名变量 – 点 – 方法名 – 小括号来访问方法，这与属性类似，小括号是对象执行该动作的方法。有时为了传递执行动作所需的额外信息，需要将值（或变量）放入小括号中，而这些值成为方法参数。

例如，gotoAndStop（1）方法需要知道应转到第 1 帧停止，所以小括号中有参数"1"。有些方法，例如 5.1 节表 5.1.1 中的 play（）和 stop（），其自身的意义已经非常明确，不需要额外信息，但小括号不能省略。

（3）事件

事件是指触发对象做出响应的某种机制，例如单击某个按钮，然后就会执行跳转播放帧的操作，这个单击按钮的过程就是一个事件，通过单击按钮的事件激活跳转播放帧这个动作。

在 Action Script 3.0 中，每个事件都由一个事件对象表示。事件对象不但存储有关特定事件的信息，还包含便于操作事件对象的方法。例如：当检测到鼠标单击时，它会创建一个事件对象（MouseEvent 类的实例对象）以表示该特定鼠标单击事件。

指定为相应特定事件而应执行某些动作的技术称为事件处理。在编写执行事件处理的 ActionScript 代码时，需要认识以下 3 个重要元素：

① 事件源：即发生该事件的对象是什么。

② 事件：即发生的且希望得到响应的事情。

③ 响应：即当事件发生时，希望执行哪些动作。

通过 addEventListener（）方法来添加事件，也就是事件监听器，一般格式如下：

接收事件对象 . addEventListener（事件类型 . 事件名称，事件响应函数名称）；

```
function 事件响应函数名称（event：事件类型）
{
     // 此处是为响应事件而执行的动作。
}
```

5.2.3　案例实施

任务 1	控制移动

1. 任务导航

任务目标	理解并掌握用键盘和按钮控制影片剪辑上、下、左、右移动的方法	
任务活动	活动 1：实例命名； 活动 2：键盘控制； 活动 3：按钮控制	演示视频 
素材资源	素材：模块 5\5.2\ 素材 源文件：模块 5\5.2\fla\5.2.1.fla	

2. 任务实施

活动 1：实例命名

STEP|01　启动 Animate，打开素材文件"超人 .fla"，另存为"控制超人 .fla"。选中舞台上的超人剪辑实例，如图 5.2.2 所示，在"属性"面板中将实例命名为"super_mc"。

图 5.2.2　影片剪辑实例命名

STEP|02 如图 5.2.3 所示，分别选中向上的箭头按钮实例并命名为 "up_btn"、向下的按钮实例并命名为 "down_btn"、向左的按钮实例并命名为 "left_btn"、向右的按钮实例并命名为 "right_btn"。

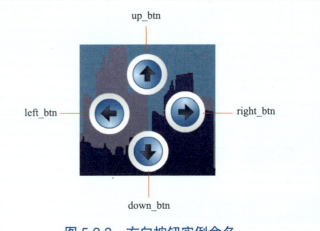

图 5.2.3 方向按钮实例命名

STEP|03 用同样的方法依次给舞台画面下方一排按钮实例命名："透明度"的两个按钮实例分别命名为 "tadd_btn" 和 "tsub_btn"，"显示"按钮实例命名为 "show_btn"，"隐藏"按钮实例命名为 "hide_btn"，"大"按钮实例命名为 "inc_btn"，"小"按钮实例命名为 "dec_btn"，"旋转"的两个按钮实例分别命名为 "r_neg_btn" 和 "r_btn"，如图 5.2.4 所示。

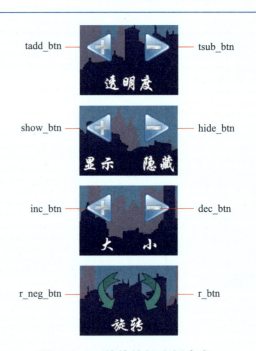

图 5.2.4 其他按钮实例命名

活动 2：键盘控制

STEP|01 在第 1 帧时选中舞台上的超人实例，如图 5.2.5 所示，单击"窗口→代码片断"命令，打开"代码片断"面板，展开 "ActionScript" → "动画" 文件夹，选中"用键盘箭头移动"代码片断，然后单击窗口左上角的"添加到当前帧"按钮。

图 5.2.5 选择代码片断

STEP|02　这时系统会自动在"时间轴"面板上创建一个"Actions"图层，在该图层的第 1 帧上添加一个关键帧，并出现一个小 a 的图标，同时自动打开"动作"面板，脚本窗格里会自动添加一段"用键盘箭头移动"的代码，如图 5.2.6 所示。

小提示：

　　super_mc.x、super_mc.y 表示超人实例的 x 轴坐标和 y 轴坐标属性，即位置，数字 5 表示位移量（可根据实际需要修改数值）。"super_mc.x += 5;"（即"super_mc.x = plane_mc.x + 5;"）也就是超人实例 x 轴坐标增加 5 个像素，即向舞台右方移动 5 个像素。

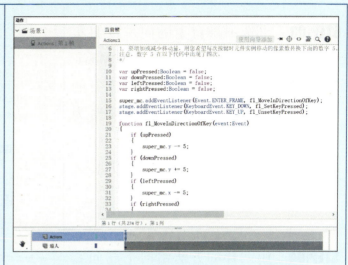

图 5.2.6　添加"用键盘箭头移动"代码片断

活动 3：按钮控制

STEP|01　在第 1 帧时选中舞台上的向上按钮实例（实例名"up_btn"），如图 5.2.7 所示，在"代码片断"面板中，展开"事件处理函数"文件夹，双击"Mouse Click 事件"。

图 5.2.7　选择代码片断

STEP|02　这时"Actions"图层第 1 帧的"动作"面板打开，如图 5.2.8 所示，添加了一段"Mouse Click 事件"代码。将代码片断中的"trace（"已单击鼠标"）；"修改为"super_mc.y -= 5；"（即：超人实例沿 y 轴向上移动 5 像素）。

```
93     /* Mouse Click 事件
94     单击此指定的元件实例会执行您可在其中添加自己的自定义代码的函数。
95
96     说明：
97     1. 在以下"// 开始您的自定义代码"行后的新行上添加您的自定义代码。
98     单击此元件实例时，此代码将执行。
99     */
100
101    up_btn.addEventListener(MouseEvent.CLICK, fl_MouseClickHandler);
102
103    function fl_MouseClickHandler(event:MouseEvent):void
104    {
105        // 开始您的自定义代码
106        // 此示例代码在"输出"面板中显示"已单击鼠标"。
107        trace("已单击鼠标");        super_mc.y -= 5;
108        // 结束您的自定义代码
109    }
110
```

图 5.2.8　修改代码

STEP|03 再选中舞台上的向左按钮实例（实例名"left_btn"），添加"Mouse Click 事件"代码，将代码片断中的"trace（"已单击鼠标"）；"修改为"super_mc.x -= 5；"（即：超人实例沿 x 轴向左移动 5 像素），如图 5.2.9 所示。

```
111   /* Mouse Click 事件
112   单击此指定的元件实例会执行您可在其中添加自己的自定义代码的函数。
113
114   说明：
115   1. 在以下"// 开始您的自定义代码"行后的新行上添加您的自定义代码。
116   单击此元件实例时，此代码将执行。
117   */
118
119   left_btn.addEventListener(MouseEvent.CLICK, fl_MouseClickHandler_2);
120
121   function fl_MouseClickHandler_2(event:MouseEvent):void
122   {
123       // 开始您的自定义代码
124       // 此示例代码在"输出"面板中显示"已单击鼠标"。
125       trace("已单击鼠标");    →  super_mc.x -= 5;
126       // 结束您的自定义代码
127   }
128
```

图 5.2.9　添加"left_btn"按钮实例代码

STEP|04 用同样的方法给向下和向右两个按钮实例均添加"Mouse Click 事件"代码片断。然后分别修改它们的"trace（"已单击鼠标"）；"代码：向下按钮实例（实例名"down_btn"）代码修改为"super_mc.y += 5；"，向右按钮实例（实例名"right_btn"）代码修改为"super_mc.x += 5；"。修改完的 4 个方向控制按钮的代码如图 5.2.10 所示。

```
up_btn.addEventListener(MouseEvent.CLICK, fl_MouseClickHandler);

function fl_MouseClickHandler(event:MouseEvent):void
{
    super_mc.y -= 5;// 向上移动5个像素
}

left_btn.addEventListener(MouseEvent.CLICK, fl_MouseClickHandler_2);

function fl_MouseClickHandler_2(event:MouseEvent):void
{
    super_mc.x -= 5;// 向左移动5个像素
}

down_btn.addEventListener(MouseEvent.CLICK, fl_MouseClickHandler_3);

function fl_MouseClickHandler_3(event:MouseEvent):void
{
    super_mc.y += 5;// 向下移动5个像素
}

right_btn.addEventListener(MouseEvent.CLICK, fl_MouseClickHandler_4);

function fl_MouseClickHandler_4(event:MouseEvent):void
{
    super_mc.x += 5;// 向右移动5个像素
}
```

图 5.2.10　方向控制按钮代码

任务 2　控制其他变化

1. 任务导航

任务目标	理解并掌握用按钮控制影片剪辑的旋转、缩放、透明度和显隐的方法	演示视频
任务活动	活动 1：隐藏和显示控制； 活动 2：缩放、旋转和透明度控制	
素材资源	素材：模块 5\5.2\fla\5.2.1.fla 源文件：模块 5\5.2\fla\ 控制超人小游戏 .fla	

2. 任务实施

活动 1：隐藏和显示控制

STEP|01　在第 1 帧时选择舞台下方"隐藏"按钮实例（实例名"hide_btn"），打开"代码片断"窗口，展开"ActionScript"下"动作"代码文件夹，双击"单击以隐藏对象"事件，如图 5.2.11 所示。

图 5.2.11　添加"单击以隐藏对象"事件

STEP|02　在打开的"动作"面板的脚本窗格里，如图 5.2.12 所示，会添加一段"单击以隐藏对象"的代码。将其中隐藏对象的代码"hide_btn.visible=false；"修改为"super_mc.visible=false；"（隐藏超人实例）。

```
/* 单击以隐藏对象
单击此指定的元件实例会将其隐藏。

说明:
1. 将此代码用于当前可见的对象。
*/

hide_btn.addEventListener(MouseEvent.CLICK, fl_ClickToHide_2);

function fl_ClickToHide_2(event:MouseEvent):void
{
    hide_btn.visible=false;          super_mc.visible=false;
}
```

图 5.2.12　修改隐藏对象代码片断

STEP|03　用同样的方法给"显示"按钮实例（实例名"show_btn"）也添加一段"单击以隐藏对象"的代码，然后将代码"show_btn.visible=false；"修改为"super_mc.visible=true；"（显示超人实例），如图 5.2.13 所示。

```
/* 单击以隐藏对象
单击此指定的元件实例会将其隐藏。

说明:
1. 将此代码用于当前可见的对象。
*/

show_btn.addEventListener(MouseEvent.CLICK, fl_ClickToHide_3);

function fl_ClickToHide_3(event:MouseEvent):void
{
    show_btn.visible=false;          super_mc.visible=true;
}
```

图 5.2.13　修改显示对象代码片断

活动 2：缩放、旋转和透明度控制

STEP|01 选择舞台下方"大"按钮实例（实例名"inc_btn"），添加"Mouse Click 事件"代码片断，如图 5.2.14 所示，将其中的代码"trace（"已单击鼠标"）；"修改为"super_mc.scaleX *= 1.05；super_mc.scaleY *= 1.05；"（即：超人实例的宽高放大 1.05 倍）。

```
/* Mouse Click 事件
单击此指定的元件实例会执行您可在其中添加自己的自定义代码的函数。

说明：
1. 在以下"// 开始您的自定义代码"行后的新行上添加您的自定义代码。
单击此元件实例时，此代码将执行。
*/

inc_btn.addEventListener(MouseEvent.CLICK, fl_MouseClickHandler_5);

function fl_MouseClickHandler_5(event:MouseEvent):void
{
    // 开始您的自定义代码
    // 此示例代码在"输出"面板中显示"已单击鼠标"。
    trace("已单击鼠标");          super_mc.scaleX *= 1.05;
    // 结束您的自定义代码          super_mc.scaleY *= 1.05;
}
```

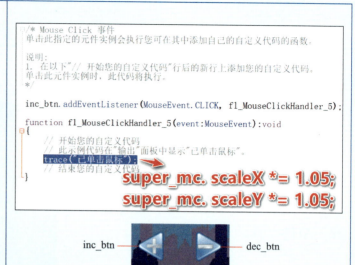

图 5.2.14 为"大"按钮添加代码片断

STEP|02 用同样的方法给"小"按钮实例（实例名"dec_btn"）添加"Mouse Click 事件"代码片断，如图 5.2.15 所示，将其中的代码"trace（"已单击鼠标"）；"修改为"super_mc.scaleX *= 0.9；super_mc.scaleY *= 0.9；"（即：超人实例的宽高缩小 0.9 倍）。

```
/* Mouse Click 事件
单击此指定的元件实例会执行您可在其中添加自己的自定义代码的函数。

说明：
1. 在以下"// 开始您的自定义代码"行后的新行上添加您的自定义代码。
单击此元件实例时，此代码将执行。
*/

dec_btn.addEventListener(MouseEvent.CLICK, fl_MouseClickHandler_6);

function fl_MouseClickHandler_6(event:MouseEvent):void
{
    // 开始您的自定义代码
    // 此示例代码在"输出"面板中显示"已单击鼠标"。
    trace("已单击鼠标");          super_mc.scaleX *= 0.9;
    // 结束您的自定义代码          super_mc.scaleY *= 0.9;
}
```

图 5.2.15 为"小"按钮添加代码片断

STEP|03 再分别给舞台下方两个旋转按钮实例（实例名"r_neg_btn"和"r_btn"），添加"Mouse Click 事件"代码，将两个代码片断中的"trace（"已单击鼠标"）；"分别修改为"super_mc.rotation -= 30；"（即：超人实例逆时针旋转 30°）和"super_mc.rotation += 30；"（即：超人实例顺时针旋转 30°），如图 5.2.16 所示。

```
r_neg_btn.addEventListener(MouseEvent.CLICK, fl_MouseClickHandler_7);

function fl_MouseClickHandler_7(event:MouseEvent):void
{
    super_mc.rotation -= 30;
}

r_btn.addEventListener(MouseEvent.CLICK, fl_MouseClickHandler_8);

function fl_MouseClickHandler_8(event:MouseEvent):void
{
    super_mc.rotation += 30;
}
```

图 5.2.16 为"旋转"按钮添加代码片断

STEP|04 分别给舞台下方透明度的加号按钮实例（实例名"tadd_btn"）和减号按钮实例（实例名"tsub_btn"），添加"Mouse Click 事件"代码，将两个代码片断中的"trace（"已单击鼠标"）;"分别修改为"super_mc.alpha += 0.2;"（即：超人实例的不透明度增加 20%）和"super_mc.alpha −= 0.2;"（即：超人实例的不透明度减少 20%），如图 5.2.17 所示。

```
tadd_btn.addEventListener(MouseEvent.CLICK, fl_MouseClickHandler_9);
function fl_MouseClickHandler_9(event:MouseEvent):void
{
    super_mc.alpha += 0.2;
}
tsub_btn.addEventListener(MouseEvent.CLICK, fl_MouseClickHandler_10);
function fl_MouseClickHandler_10(event:MouseEvent):void
{
    super_mc.alpha −= 0.2;
}
```

tadd_btn　　　　　tsub_btn

图 5.2.17　为"透明度"按钮添加代码片断

STEP|05 保存文档，按 Ctrl+Shift+Enter 快捷键调试影片或在本文档文件夹中打开生成的 SWF 的播放文件，观看完成后的动画效果。如图 5.2.18 所示，单击方向按钮或者按↑、↓、←、→键可控制超人的移动方向，画面下面的按钮可控制超人各种属性的变化。

图 5.2.18　最终动画效果

5.2.4　知识链接

1. MovieClip 类

影片剪辑对于使用 Flash 创建动画内容并想要通过 ActionScript 来控制该内容来说是一个重要元素。只要在 Flash 中创建影片剪辑元件，Flash 就会将该元件添加到该 Flash 文档的库中。默认情况下，此元件会成为 MovieClip 类，因此具有 MovieClip 类的属性和方法。表 5.2.1 所示为 MovieClip 类的几个基本常用属性。

表 5.2.1　MovieClip 类的几个基本属性

属性	作　用	举　例
x	x 坐标	super_mc.x=100;　//将 super_mc 的 x 坐标设为 100 像素
y	y 坐标	super_mc.y=50;　//将 super_mc 的 y 坐标设为 50 像素
rotation	旋转角度	super_mc.rotation=45;　//将 super_mc 旋转 45°

续表

属性	作　　用	举　　例
alpha	不透明度，取值范围为 0~1，0 表示完全透明，1 表示完全不透明	super_mc.alpha=0.5； //将 super_mc 的不透明度设为 50%，即为半透明
visible	可见性（布尔值）	super_mc.visible=false；//设置 super_mc 不可见
width	宽度	super_mc.width=100；//设置 super_mc 的宽度为 100 像素
heigth	高度	super_mc.height=200；//设置 super_mc 的高度为 200 像素
scaleX	比例值，控制对象横向缩放比例	super_mc.scaleX=1.05； //将 "super_mc" 横向放大到 1.05 倍
scaleY	比例值，控制对象纵向缩放比例	super_mc.scaleY=0.9； //将 "super_mc" 纵向缩小到 0.9 倍
mouseX	鼠标指针的 x 坐标（只读属性）	trace（super_mc.mouseX）； //输出鼠标相对于 super_mc 注册点之间的水平距离
mouseY	鼠标指针的 y 坐标（只读属性）	trace（super_mc.mouseY）； //输出鼠标相对于 super_mc 注册点之间的垂直距离
enabled	是否启用的状态（布尔值）	super_mc.enable=false； //设置 super_mc 影片剪辑不可用

2. Event 类

事件的处理 ActionScript 3.0 中有专门的 Event 类来处理事件，Event 类又包括以下几个子类：鼠标类：MouseEvent；键盘类：KeyboardEvent；时间类：TimerEvent；文本类：TextEvent。表 5.2.2 所示为鼠标类（MouseEvent）的事件类型，也就是 MouseEvent 类的公共变量。

表 5.2.2　MouseEvent 的事件类型

事　件　类　型	作　　用
CLICK	单击
DOUBLE_CLICK	双击
MOUSE_DOWN	按下
MOUSE_LEAVE	鼠标移开舞台
MOUSE_MOVE	移动
MOUSE_OUT	移出
MOUSE_OVER	移过
ROLL_OUT	滑入
ROLL_OVER	滑出
MOUSE_UP	提起
MOUSE_WHEEL	滚轮滚动

郑重声明

高等教育出版社依法对本书享有专有出版权。任何未经许可的复制、销售行为均违反《中华人民共和国著作权法》，其行为人将承担相应的民事责任和行政责任；构成犯罪的，将被依法追究刑事责任。为了维护市场秩序，保护读者的合法权益，避免读者误用盗版书造成不良后果，我社将配合行政执法部门和司法机关对违法犯罪的单位和个人进行严厉打击。社会各界人士如发现上述侵权行为，希望及时举报，本社将奖励举报有功人员。

反盗版举报电话 （010）58581999　58582371　58582488

反盗版举报传真 （010）82086060

反盗版举报邮箱 dd@hep.com.cn

通信地址　北京市西城区德外大街 4 号　高等教育出版社法律事务与版权管理部

邮政编码　100120

防伪查询说明

用户购书后刮开封底防伪涂层，利用手机微信等软件扫描二维码，会跳转至防伪查询网页，获得所购图书详细信息。也可将防伪二维码下的 20 位密码按从左到右、从上到下的顺序发送短信至 106695881280，免费查询所购图书真伪。

反盗版短信举报

编辑短信"JB,图书名称,出版社,购买地点"发送至 10669588128

防伪客服电话

（010）58582300

学习卡账号使用说明

一、注册 / 登录

访问 http://abook.hep.com.cn/sve，点击"注册"，在注册页面输入用户名、密码及常用的邮箱进行注册。已注册的用户直接输入用户名和密码登录即可进入"我的课程"页面。

二、课程绑定

点击"我的课程"页面右上方"绑定课程"，正确输入教材封底防伪标签上的 20 位密码，点击"确定"完成课程绑定。

三、访问课程

在"正在学习"列表中选择已绑定的课程，点击"进入课程"即可浏览或下载与本书配套的课程资源。刚绑定的课程请在"申请学习"列表中选择相应课程并点击"进入课程"。

如有账号问题，请发邮件至：4a_admin_zz@pub.hep.cn。

5.2.5 学习检测

	知 识 要 点	掌握程度
知识获取	理解 ActionScript 3.0 中类的特性	
	了解 MovieClip 类的属性和 MouseEvent 类的事件类型	
	掌握用键盘和按钮控制影片剪辑上、下、左、右移动的方法	
	掌握用按钮控制影片剪辑的旋转、缩放、透明度和显隐的方法	

	实训案例（图 5.2.19）	技能目标	掌握程度
技能掌握	图 5.2.19 话费广告互动	任务 1 键盘控制对话框移动 ↘ 实例命名 ↘ 键盘控制	
		任务 2 按钮控制对话框 ↘ 旋转控制 ↘ 缩放控制 ↘ 显隐控制 ↘ 左右移动控制	

说明："掌握程度"可分为三个等级："未掌握""基本掌握""完全掌握"，读者可分别使用"×""○""√"来呈现记录结果，以便以后的巩固学习。